Tous nos ouvrages sont disponibles aux

Éditions Decoopman
Ferrières
30440 Saint-Laurent-le-Minier
Tel : +33 (0)4.67.73.90.95
web : www.decoopman.com
e.mail : editions@decoopman.com

Olivier Lacaux
Jean Castanier

I.S.B.N. 978-2-917254-96-7

Dépot légal : 4er trimestre 2013

Ouvrages parus
dans la même collection :

- *Fabriquer des moteurs Stirling* - A. Ross
- *Moteurs* - Tome 1 et 2 - Max de Nansouty
- *Moteurs & Gazogènes* – L. Letombe
- *L'Artillerie moderne de monde industriel)* – L. Huard
- *La Marine de guerre de monde industriel)* – L. Huard
- *Locomotive & Chemin de Fer* – L. Figuier
- *Engrenages & Transmissions* – G. Franche
- *La machine locomotive* – E. Sauvage
- *Gouvernails à vapeur FARCOT* – J. Farcot
- *Les bateaux à vapeur* – L. Figuier
- *Les Locomobiles* – L. Figuier
- *La machine à vapeur T1* – E. Sauvage
- *La machine à vapeur T2* – E. Sauvage
- *Manuel du moteur Stirling pour le modéliste* – D. Lyonnet
- *Les chemins de fer* – A. Guillemin
- *Tiroirs et distributeurs de vapeur* – A. Madamet
- *La Marine de guerre – A. Sauvaire–Jourdan*
- *L'A.B.C. du Chauffeur* – H. Mathieu
- *La navigation sous–marine* – G.L. Pesce
- *Histoire de la machine à vapeur* – R.H. Thurston
- *Les paquebots à grande vitesse* – M. Dumoulin
- *Les Moteurs* – H. de Graffigny
- *Les Torpilles* – E. Hennebert
- *507 Mouvements mécaniques* – H. Brown
- *Les Machines* – E. Collignon
- *La Vapeur* – A. Guillemin

DISTRIBUTION DE LA VAPEUR

DANS LES

MACHINES

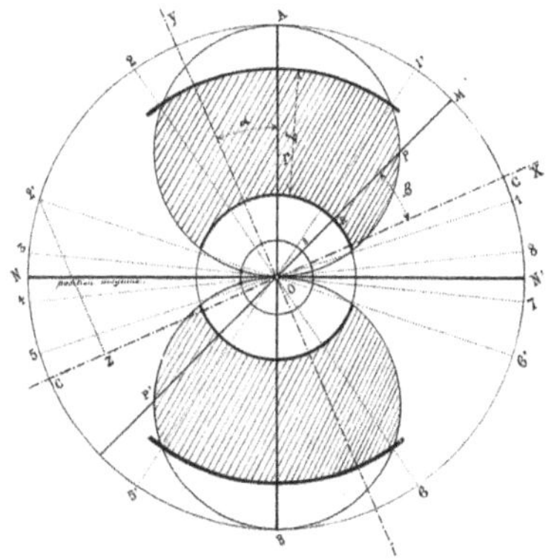

Marcelin F. CASTELNAU

Ingénieur Civil des Mines
Officier d'Académie

1892

LA MACHINE A VAPEUR

SON ORIGINE – SES PROGRÈS

Généralités

La chaleur communique aux atomes des corps une force en vertu de laquelle ils acquièrent une tendance à se repousser les uns les autres. A cette force s'oppose constamment la *cohésion*, force qui tend à unir ces atomes et qui suit la loi des masses.

Les liquides ne sont susceptibles de recevoir la chaleur que dans des limites déterminées. Au-delà de ces limites, la chaleur qu'ils reçoivent a pour effet de les transformer en vapeur.

La façon dont les corps se laissent pénétrer par la chaleur est très remarquable ; tous les corps, sans exception, sont pénétrés par la chaleur qui communique à leurs atomes un pouvoir de répulsion qui a pour effet de les liquéfier, s'ils sont solides, et de les transformer en vapeur s'ils sont à l'état liquide.

A priori, on pourrait croire qu'un corps, constamment soumis à une source de chaleur, doit s'échauffer progressivement dans les divers états qu'il prend. *C'est là une erreur.*

Un corps solide, soumis à l'action de la chaleur, s'échauffe jusqu'à une température déterminée et correspondant au point de fusion, c'est-à-dire à la dissociation de ses atomes constitutifs. Sa température reste constante pendant que dure la fusion ; cette fusion opérée, la température reprend sa marche ascensionnelle jusqu'au moment précis où commencent les premières vapeurs. Pendant cette deuxième transformation le corps liquide ne s'échauffe plus et toute la chaleur est dépensée au fur et à mesure de la production des vapeurs.

Il est bien entendu que le corps soumis à cette expérience est à l'état libre dans l'atmosphère. Il n'en serait point ainsi si la transformation en vapeur avait lieu en vase clos et sous pression.

EXEMPLE

Le soufre soumis à l'action de la chaleur, s'échauffe sans changer d'état jusqu'à 109°. Arrivé à cette température, il cesse de s'échauffer et passe, *sous cette température constante*, à l'état liquide. Une fois liquéfié, sa température s'accroît jusqu'à 305°, température constante à laquelle il se transforme complètement en vapeur.

La chaleur dépensée, pendant la fusion et la vaporisation l'a été uniquement pour produire ces changements d'état ; elle ne peut donc augmenter, en aucune façon, la température du corps. C'est cette quantité de chaleur dépensée qu'on appelle *latente* (dissimulée) et qui n'est pas accusée par le thermomètre.

DE L'EAU

L'eau, le corps le plus répandu dans la nature, est un composé résultant de la combinaison de 1 partie d'oxygène et 2 parties d'hydrogène, en volume ou de :

88,91 p.	d'oxygène pour
11,09	d'hydrogène
	en poids.

Elle présente successivement les trois états : solide, liquide et gazeux.

Résultats d'observations

Si l'on place un morceau de glace dans un mélange intime de neige et de sel marquant -18°, on constatera, après un certain séjour, que la température de ce morceau de glace est bien -18°. Si on retire le morceau de glace et qu'on le soumette à la température ambiante, sa température s'élèvera graduellement jusqu'à 0° point où elle restera constante durant le passage de l'état solide à l'état liquide.

Cette transformation opérée, la température s'élèvera progressivement jusqu'à concordance parfaite avec la température ambiante.

On constate que la glace met 75 fois plus de temps pour passer de l'état solide à l'état liquide qu'il n'en faut pour élever, de 1° la température de l'eau, donc cette glace *absorbe une quantité de chaleur 75 fois plus grande que celle nécessaire pour élever de 1° la température de l'eau*, c'est-à-dire qu'un poids déterminé de glace demande autant de chaleur pour se transformer en eau, qu'il en faut pour élever ce même poids d'eau à la température de 75°.

En continuant cette expérience, c'est-à-dire en soumettant cette eau à l'action d'une source de chaleur, on constatera que la température s'élèvera progressivement jusqu'à 100° où elle restera stationnaire (à la pression atmosphérique de 0,760 m de mercure), pendant l'évaporation, qui aura une durée 6 fois 1/2 plus grande que celle nécessaire pour élever cette eau de 0° à 100°.

Cette vapeur ainsi formée prendra un volume 1700 fois plus grand que celui de l'eau et aura une force élastique égale à la pression de l'atmosphère, c'est-à-dire qu'elle exercera sur les parois du vase qui la contiendra, une pression de 1,033 kg par cm^2.

De là résulte l'observation suivante : pour élever l'eau de 0° à 100° il faut 100° de chaleur ; or comme sous l'action de la source de chaleur il faut, pour transformer cette eau en vapeur 6 fois 1/2 le temps nécessaire pour l'élever de 0° à 100°, cela revient à dire qu'il faudrait, pour convertir une quantité d'eau à 100° en vapeur, autant de chaleur que pour porter cette eau à la température de 650° ; or, comme cette température n'est pas accusée par le thermomètre, il en résulte que la chaleur latente nécessaire pour transformer l'eau en vapeur à la pression ordinaire est de 650° -100° = 550°.

Tout ce qui précède est relatif à l'eau sous la pression atmosphérique, mais si la pression du milieu dans lequel a lieu l'expérience s'élève, l'ébullition est retardée et, par là, la quantité de chaleur nécessaire pour la produire est augmentée ; réciproquement, si cette pression est inférieure à la pression atmosphérique, l'ébullition a lieu à une température inférieure à 100°.

De ce qui précède, il résulte que si l'on met, dans un vase contenant 1700 dm^3 de vapeur à 100°, 5,5 dm^3 d'eau à 0°, la vapeur cédera à cette eau sa chaleur latente et on recueillera 6,5 dm^3 d'eau à 100°. Le vide se produira dans le vase.

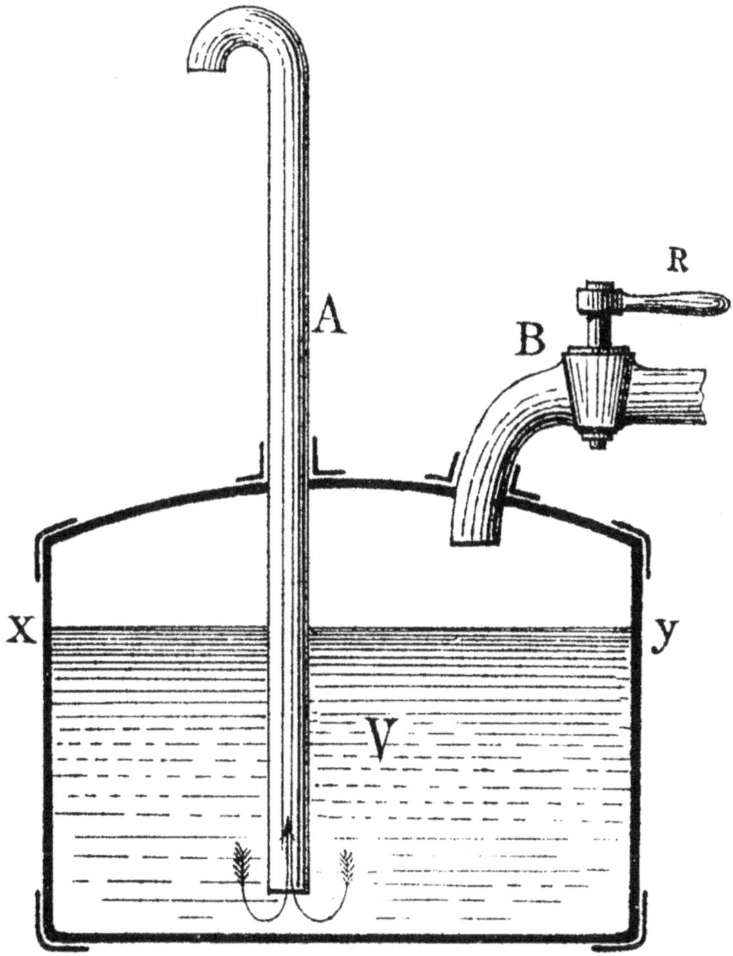

Figure 1 – Fontaine de Héron

PREMIERS ESSAIS

Héron d'Alexandrie

C'est à Héron d'Alexandrie que remontent les premiers essais faits sur l'eau à l'aide de la chaleur. Ce savant, qui vivait 120 ans avant J.-C. sous le règne de Ptolomée-Philadelphe, inventa deux machines dans lesquelles le mouvement était produit : dans la première, par la dilatation de l'air chauffé ; dans la seconde, par l'expansion de la vapeur d'eau également produite par un foyer de chaleur. Ces deux machines sont décrites dans son traité intitulé : *Pneumatica.*

Fontaine de Héron

Cet appareil (Fig. 1) qui repose sur la compression se compose :

- D'un vase V plein aux 3/4 d'eau dans laquelle plonge un premier tube A.
- Un deuxième tube B, amenant de l'air comprimé est fixé à la partie supérieure du vase.

Il est facile de se rendre compte de ce qui se passera lorsqu'on ouvrira le robinet R. L'air comprimé exercera, sur la surface X Y du liquide sa pression, supérieure à la pression atmosphérique et ce liquide s'élèvera dans le tube A jusqu'à ce qu'il y ait équivalence entre la colonne d'eau et la pression de l'air.

Le principe de cet ingénieux appareil a été appliqué dans les mines de Schemnitz, en Hongrie, pour l'épuisement.

ÉOLIPYLE

L'éolipyle de Héron est le premier appareil que l'on puisse décorer du nom de *machine à vapeur* (Fig. 2).

Il se compose de deux parties essentiellement distinctes : le *Générateur* G produisant la vapeur et la *machine M* produisant le mouvement. Comme l'indique la figure, le générateur, espèce de marmite, est mis en communication avec la sphère creuse M par un tube *a b c* qui y déverse la vapeur ; d'autre part, cette sphère creuse est munie de deux ajustages *d d*, recourbés à angle droit par lesquels s'échappe la vapeur. Cet échappement, rompant l'équilibre, dû à ce que toutes les pressions exercées sur la surface intérieure de la sphère s'annulent deux à deux, produit une réaction imprimant un mouvement de rotation à la sphère.

Héron construisit un deuxième appareil où la vapeur d'eau était supprimée. Il chauffait directement la sphère, dilatant ainsi l'air qu'elle contenait. Cet air en s'échappant produisait le mouvement de rotation.

BLASCO DE GARAY

En 1543 Blasco de Garay fit fonctionner un bateau dans le port de Barcelone qui aurait eu une vitesse de 4 000 mètres.

Quant au, moteur, il est resté inconnu. La tradition semble indiquer que ce n'était qu'un vaste éolipyle.

FLURENCE RIVAULT - SALOMON DE CAUS 1605-1624

Malgré les résultats si précis que nous venons de faire connaître, la vapeur resta méconnue durant seize siècles.

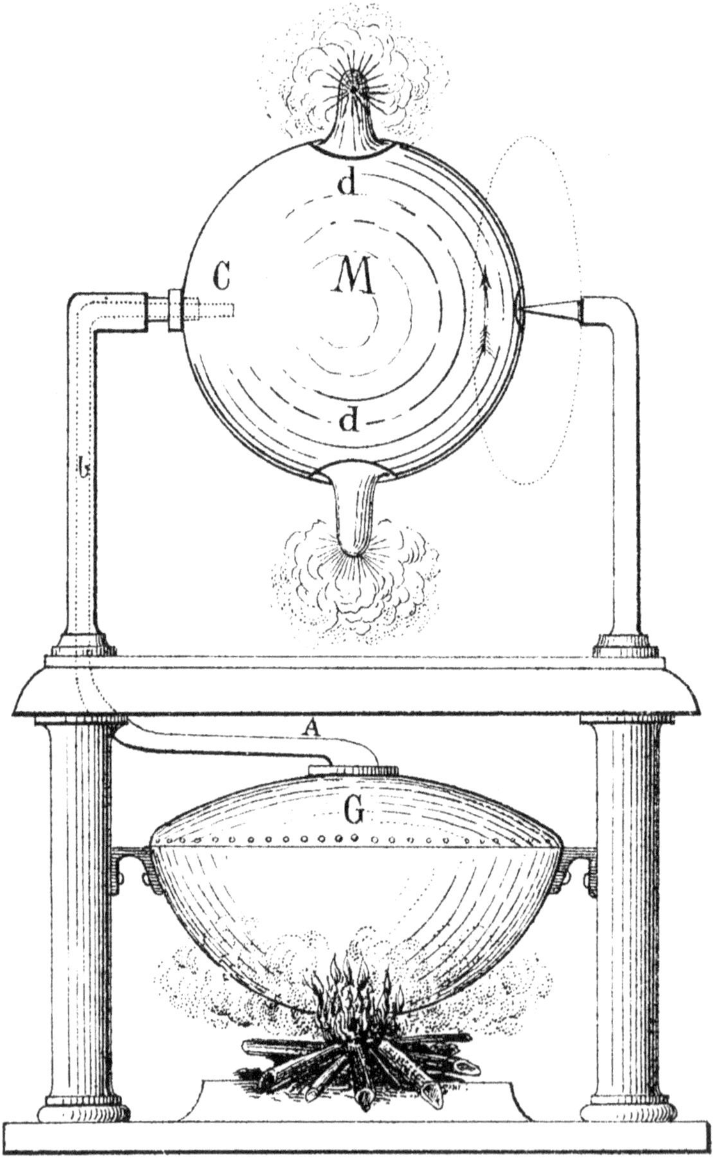

Fig. 2 – Éolipyle de Héron.

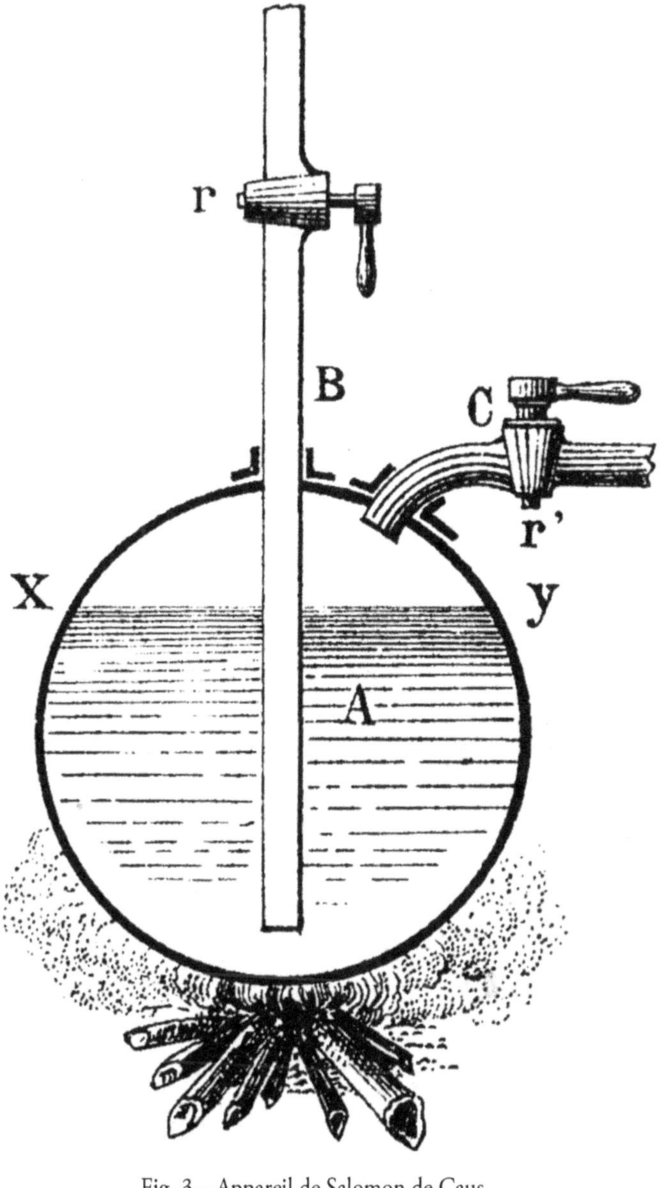

Fig. 3 – Appareil de Salomon de Caus.

En 1605 un Français, *Flurence Rivault*, observa le phénomène suivant : qu'une sphère métallique remplie d'eau et fortement bouchée devait, étant plongée dans le feu, faire explosion. Cette précieuse observation constitue le principe même de la machine élévatoire de l'ingénieur français *Salomon de Caus* (Fig. 3).

En effet, l'appareil que Salomon de Caus imagina en 1624, se compose d'une sphère métallique A dans laquelle plonge un tube B et sur laquelle est fixé un deuxième tube C permettant d'y introduire l'eau.

Deux robinets *r r'* permettent d'isoler la sphère. Cette dernière étant soumise à un feu violent, l'eau qu'elle contient se transforme en vapeur et le robinet *r'* étant fermé, la vapeur exerce, sur la surface *x y* du liquide une pression qui a pour effet de refouler, dans le tube B, l'eau contenue dans la sphère.

GIOVANNI BRANCA

L'ouvrage de Branca (*La machine diverse del Sigr Branca-Roma 1629*) n'est que la description des machines dont il avait connaissance. Il contient la description d'une machine (Fig. 4) se rapprochant infiniment du sujet qui nous occupe, et composée d'un vase A métallique (dans l'une de ces machines le vase A était formé par le buste d'une statue, la tubulure B étant fixée à la bouche) dans lequel on introduisait préalablement de l'eau. A ce vase A était fixée une tubulure B dont l'extrémité était dirigée normalement aux ailettes d'une roue à pivot.

Le vase A étant placé sur un foyer, l'eau se vaporisait et sortait par l'extrémité de la tubulure B en une gerbe qui poussait devant elle les ailettes de la roue imprimant à cette dernière un mouvement de rotation.

Nota — Il est indispensable de noter que les deux premières éditions de l'ouvrage de Salomon de Caus (*La raison des forces Mouvantes* 1615) sont antérieures, de beaucoup à l'ouvrage de Branca.

Le marquis de Worcester (1663)

Le marquis de Worcester est l'auteur d'un ouvrage intitulé : *The scantling of one hundred inventions*) qui parut sous le règne de Charles II en 1663.

Il faut que les auteurs anglais aient eu une forte dose d'ignorance ou de mauvaise foi pour voir, dans la machine découverte par le marquis de Worcester *la première machine à feu* ! et attribuer tout l'honneur de cette découverte à leur compatriote. Voici ce qu'on lit dans l'ouvrage cité plus haut :

> J'ai inventé un moyen admirable et très puissant d'élever de l'eau à l'aide du feu, non par aspiration car alors on serait enfermé, comme disent les philosophes (*intra sphoeram activitatis*) l'aspiration ne s'opérant que pour certaines distances ; mais mon moyen n'a pas de limite si le vase a une force suffisante...
>
> Je pris un canon entier dont la bouche avait éclaté et l'ayant empli d'eau aux 3/4 je fermai par des vis l'extrémité rompue et la lumière.
>
> J'entretins ensuite au-dessous un feu constant et au bout de 24 heures, le canon se brisa en faisant un grand bruit. Ayant alors trouvé le moyen de former des vases de telle manière qu'ils sont consolidés par la force intérieure et qui se remplissent l'un après l'autre, un vase d'eau raréfiée par l'action du feu élevait *40 vases d'eau froide*. L'ouvrier qui surveille la manoeuvre n'a que deux robinets à ouvrir de telle sorte qu'au moment où l'un des deux vases est épuisé il se remplit d'eau froide pendant que l'autre commence à agir et ainsi successivement. Le feu est entretenu dans un degré constant d'activité par les soins du même ouvrier ; il a, pour cela, tout le temps nécessaire durant les intervalles que lui laisse la manœuvre des robinets. »

Voilà ce qu'a écrit le marquis de Worcester sur la machine à feu. Ce serait évidemment très beau si tout était de lui, mais par malheur pour la gloire des Anglais, bien avant le marquis de Worcester, les expériences qu'il décrit avaient été faites en France.

En 1605, Flurence Rivault, gentilhomme français, observa qu'un boulet rempli d'eau et soumis à un feu violent faisait explosion. Le marquis de Worcester a agi sur un canon – peu importe la forme du vase. Donc, 58 ans avant que le marquis de

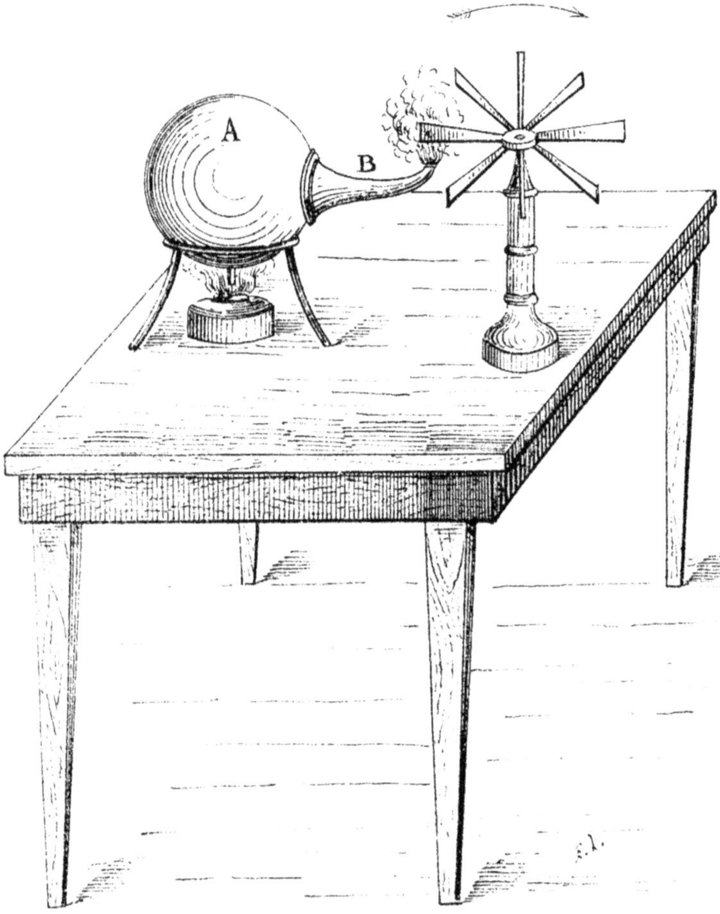

Fig. 4 – Machine de Branca.

Worcester ne l'écrivit, cette propriété de l'eau chauffée en vase clos était découverte par un français.

Voyons à présent sa deuxième expérience : « *La possibilité d'élever de l'eau en utilisant la force élastique de la vapeur.* »

Mais Salomon de Caus avait publié cela 48 ans avant l'auteur anglais, et le marquis de Worcester n'a fait que grouper deux appareils de Salomon de Caus, en leur donnant un mouvement alternatif.

C'est d'ailleurs le témoignage rendu à la vérité par le savant anglais Robert Stuart qui a écrit :

> « Qu'on approcherait autant que possible de la description de son compatriote si l'on groupait deux appareils de Salomon de Caus, de manière à obtenir, par leur jeu alternatif, un écoulement continu. »

Disons en terminant que l'extravagance du marquis de Worcester que Robison a appelé un *faiseur de projets* (Robison. Encyclop. britan. *art steam engine*) fut justement mise en relief par Millington qui dit que plusieurs de ses inventions « *sont tellement hors de portée de l'intelligence humaine que beaucoup de personnes doutent qu'elles aient existé....* » (Epitome of nat. phil. 1823.)

Sir Samuel Moreland

1683

Le chevalier Moreland, maître des mécaniques du Roi de la grande Bretagne a publié en 1683 un ouvrage qui aurait eu une grande valeur si, 68 ans avant lui, Salomon de Caus n'eut publié la *Raison des forces mouvantes*, et s'il ne fut venu 20 ans après la date de la patente du marquis de Worcester.

Machine rotative d'Amontons

1699

En 1699 Amontons présenta à l'Académie des sciences une machine rotative qu'il appela *Roue à feu.* Elle se composait

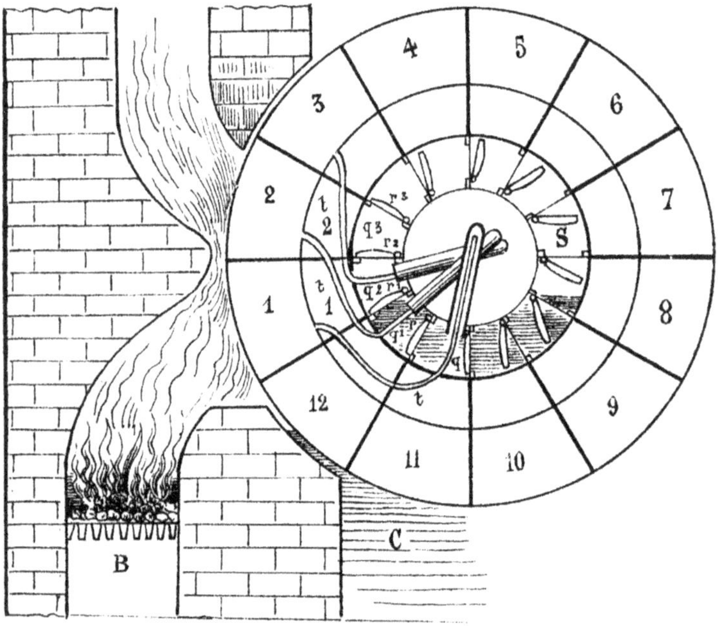

Fig. 5 – Machine rotative d'Amontons.

d'une roue en tôle complètement fermée, divisée en trois compartiments concentriques dans lesquels 12 cloisons dirigées vers le centre formaient, dans chaque compartiment concentrique, 12 caisses hermétiquement fermées (Fig. 5).

Cette roue était logée dans un foyer B sur la grille duquel on brûlait de la houille. Un bassin plein d'eau qui se renouvelait était disposé de façon que la roue y plongeât par sa partie inférieure. Enfin, dans le compartiment concentrique S, on introduisait une certaine quantité d'eau. Dans l'exposé du fonctionnement de sa machine Amontons disait que l'air qui, au contact des gaz chauds, s'échauffait dans les caisses 1, 2, 3... traversait les tubes *t*, t^1, t^2 ... et venait agir sur la surface de l'eau dans les caisses *q*, q^1 q^2... soulevant ainsi les clapets r, r^1, r^2... Cette eau forcée de s'élever de la caisse q^1 dans la caisse q^2 etc. déplaçait le centre de gravité et provoquait un mouvement de rotation continu.

Le refroidissement de l'air avait ensuite lieu dans le bassin C par l'immersion de chacune des grandes caisses 1, 2...

Il y a lieu de supposer que cette théorie est quelque peu erronée ; nous sommes porté à croire que la pression qui refoulait l'eau dans les caisses voisines était plutôt due à la formation d'une certaine quantité de vapeur d'eau produite au contact de l'air chaud dans les caisses centrales.

Il est inutile d'insister sur la déperdition considérable de chaleur qui avait lieu dans cette machine qui n'a d'ailleurs jamais figuré que dans les cabinets de physique.

Denis Papin

Denis Papin, né à Blois (1647-1714) étudia la médecine à Paris. Il dut se réfugier à Marbourg (Hesse) après révocation de l'Édit de Nantes (1685) où il enseignait les mathématiques. Collaborateur de Huygens, savant Hollandais résidant en France, il avait, avant cette date (1685) suivi avec un grand intérêt les expériences de ce savant qui consistaient à produire, à l'aide de la poudre à canon, un foyer de chaleur placé sur un cylindre dans lequel se mouvait un piston. L'air contenu dans ce cylindre étant échauffé, se dilatait et s'échappait au dehors, produisant un certain vide sous le piston ; ce dernier alors soumis, par sa partie supérieure, à la pression atmosphérique, descendait au fond du cylindre.

En 1675 Denis Papin se présenta à Robert Boyle, savant anglais, qui se livrait à de très intéressantes expériences sur les effets du vide et de la pression atmosphérique.

Vers 1681 il publiait en Angleterre la description de son « Digesteur de Papin » ou « Marmite de Papin », (cette marmite était munie de la soupape de sûreté.)

C'est à Marbourg, après la révocation de l'Édit de Nantes, qu'il expérimenta la première machine à piston ou machine atmosphérique (Fig. 6).

Elle se composait d'un piston P, exactement ajusté dans un cylindre C ouvert à sa partie supérieure et fermé à sa partie inférieure, toutefois une soupape S permettait de mettre la partie inférieure du cylindre en rapport direct avec l'atmosphère.

Il est aisé de voir que le piston étant en P', si, par un moyen quelconque on fait le vide dans le cylindre, la pression atmosphérique ne s'exerçant que sur la face supérieure du piston, ce dernier sera sollicité à descendre par une force égale à autant de fois 1,033 kg qu'il y aura de centimètres carrés de surface.

Si donc on fixe à l'extrémité de la tige du piston une corde convenablement « renvoyée » et qu'on fixe à l'autre extrémité de la corde le piston d'une pompe d'épuisement, par exemple, on aura construit une véritable machine élévatoire donnant autant de coups de piston qu'on répétera de fois le vide dans le cylindre C.

Papin eut l'idée de se servir d'une roue hydraulique actionnant des pompes pour produire le vide. Il dit même dans ses mémoires que dans le cas où la roue hydraulique serait éloignée de la machine, il lierait celle-ci à la pompe par l'intermédiaire d'un tuyau métallique ce qui, disait-il, *était un moyen de transporter fort loin la force des rivières* !...

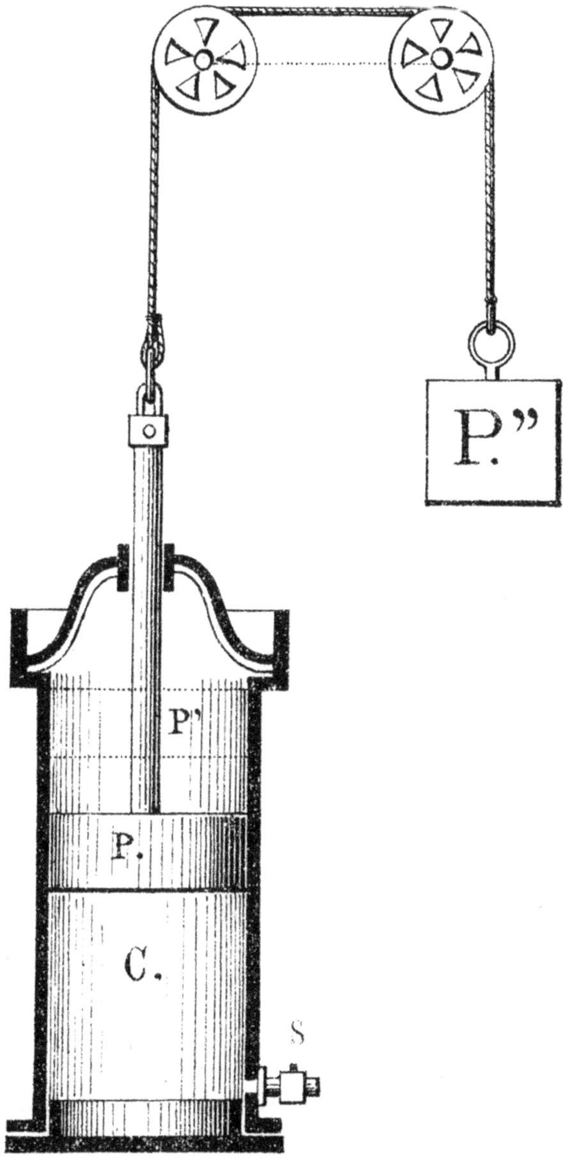

Fig. 6 – Machine à piston de Papin.

Cette machine fut présentée en 1687 à la société royale de Londres. Papin ayant constaté que la poudre à canon ne produisait qu'un vide absolument imparfait, eût une heureuse inspiration qui lui fit écrire ceci : (page 53 du recueil imprimé à Cassel en 1695).

> « J'ai donc tâché d'en venir à bout d'une autre manière, et comme l'eau a la propriété, étant, par le feu, changée en vapeur de faire ressort comme l'air et ensuite de se recondenser si bien par le froid, qu'il ne lui reste plus aucune apparence de cette force de ressort, j'ai cru qu'il ne serait pas difficile de faire des machines dans lesquelles, par le moyen d'une chaleur médiocre et à peu de frais, l'eau ferait ce vide parfait qu'on a inutilement cherché par le moyen de la poudre à canon. »

En effet Papin imagina une machine (Fig. 7) dont le fonctionnement était uniquement basé sur la puissance élastique de la vapeur. Sa machine se composait d'un cylindre A dans lequel jouait un piston B ; l'eau était directement versée dans la partie inférieure du cylindre et c'était le fond C qui était directement chauffé. On comprend aisément que cette eau, étant vaporisée, sollicite le piston à s'élever et que, après cette ascension, si on éloigne la source de chaleur et qu'on laisse se condenser cette vapeur, le piston doit forcément redescendre.

Le cylindre dont se servait Papin n'avait que 2,5 pouces de diamètre, il élevait cependant, avec son piston, 60 livres.

Papin avait signalé la possibilité d'appliquer à d'autres industries que l'épuisement des eaux sa machine nouvelle. Il avait fait pressentir que le mouvement de va-et-vient du piston pouvait être considéré comme l'organe essentiel d'un moteur universel.

La première machine à vapeur, à piston, est donc due à Denis Papin.

Le capitaine T. Savery

La machine du capitaine T. Savery n'est, à vrai dire, qu'une application du principe fondamental de la machine de Salomon de Caus.

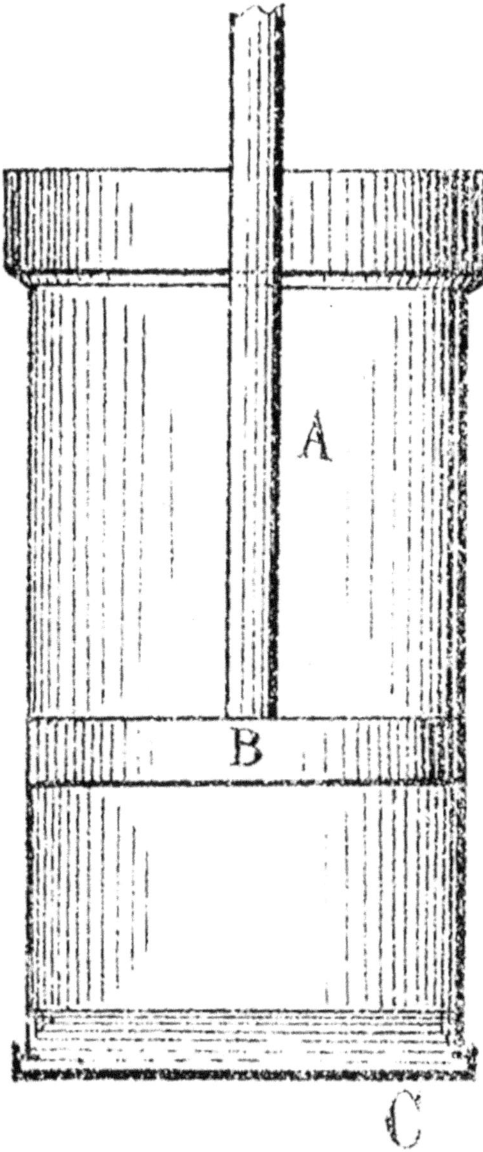

Fig. 7 – Machine de Papin.

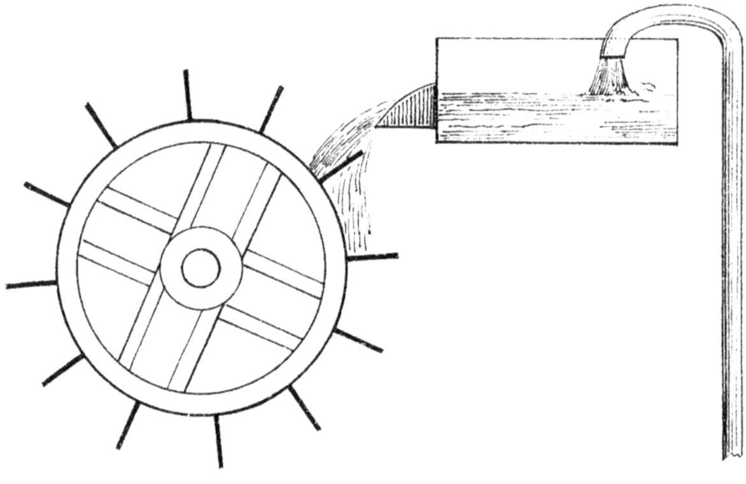

Fig. 8

Salomon de Caus, pour élever l'eau, chauffait directement celle contenue dans le vase dont la vapeur produisait le soulèvement de la colonne d'eau.

Le capitaine Savery eut l'idée de produire de la vapeur dans un vase distinct de celui où arrivait l'eau devant être élevée. Un robinet établissait où interrompait la communication entre ces deux vases. Un clapet de retenue était fixé à la partie inférieure de la colonne d'eau.

Quant au refroidissement de l'appareil, pour amener la condensation de la vapeur après chaque opération, Papin l'avait appliqué avant lui.

Papin eut l'ingénieuse idée de transformer le travail effectué par cette machine en mouvement. A cet effet, il laissait retomber l'eau, ainsi élevée, sur les palettes d'une roue hydraulique. (Fig. 8)

Le mérite du capitaine Savery se borne à avoir exécuté, en plus grand qu'on ne l'avait déjà fait, une machine d'épuisement à feu.

On doit à Savery d'avoir, le premier, exprimé la puissance d'une machine en chevaux.

Le docteur Sgravesande construisit, en 1717, plusieurs machines du type Savery. Il n'employait qu'un seul récipient et recevait vapeur et eau d'injection par un robinet à 4 voies. Rappelons en passant que ce robinet à 4 voies est dû à Papin.

Newcomen et John Cawley

Newcomen, forgeron de Darmouth, construisit une machine d'une plus grande valeur que celle de Savery (Fig. 9).

Elle se composait d'un levier MN oscillant sur un axe horizontal A ; à une de ses extrémités M était fixée une chaîne reliée à un piston P jouant dans un cylindre. A l'autre extrémité N étaient attelées les tiges de la pompe. Le vide était successivement fait sous le piston, puis interrompu, ce qui donnait, à ce dernier, un mouvement de va-et-vient transmis aux tiges des pompes par le balancier.

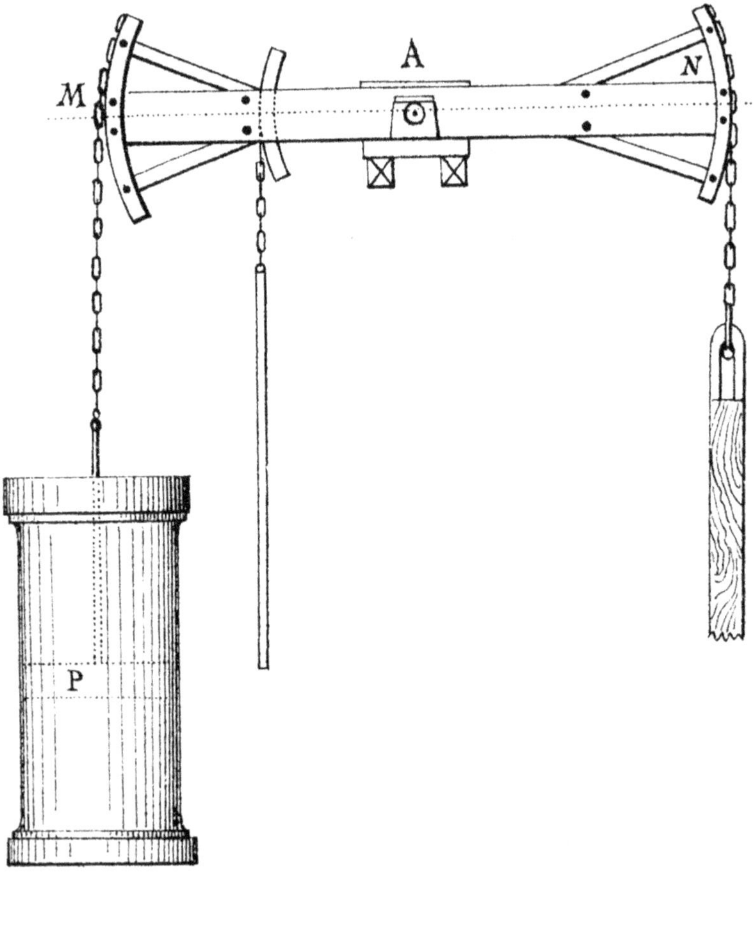

Fig. 9 – Machine de Newcomen.

Savery ayant, avant Newcomen et Cawley, fait usage d'une chaudière isolée, ces derniers constituèrent une association dans laquelle entra Savery en apportant le monopole, qu'il avait, de l'emploi de la chaudière isolée. Une patente fut délivrée pour ce nouveau dispositif en 1705.

La première machine construite d'après ces idées fut établie à Wolverhampton en 1712. Le hasard mit ces constructeurs sur la voie d'un perfectionnement capital. Comme on laissait une faible nappe d'eau sur le piston afin d'assurer une fermeture hermétique, un jour, on remarqua que la machine donnait plusieurs coups de piston avec une rapidité extraordinaire. Ayant visité le piston, on constata que l'eau située à la partie supérieure du piston traversait ce dernier par une fissure et venait condenser, dans le cylindre, la vapeur. On conçut immédiatement l'idée de supprimer la condensation produite par l'usage d'une double enveloppe et on injecta directement de l'eau très divisée dans le cylindre. On put ainsi donner un plus grand nombre de coups de piston (environ 10 par minute).

En 1713 un perfectionnement nouveau et très important fut apporté à la machine Newcomen. On sait que les soupapes étaient mues par un homme. La régularité des mouvements du piston laissait, par ce fait, beaucoup à désirer lorsqu'un enfant nommé Humphry Potter, (le paresseux de génie) imagina, pour pouvoir aller jouer avec ses camarades, de faire mouvoir les leviers des soupapes par des ficelles qu'il avait fixées au balancier. Plus tard (1718) un ingénieur, Beighton, construisit à Newcastle une machine Newcomen où les ficelles du jeune Potter avaient été remplacées par des tringles en fer. On put ainsi arriver à une vitesse de 15 coups de piston par minute.

Mouvement en Y de Beighton

Henry Beighton établit à Newcastle, sur la Tyne, (1718) une machine où les robinets étaient remplacés par un appareil

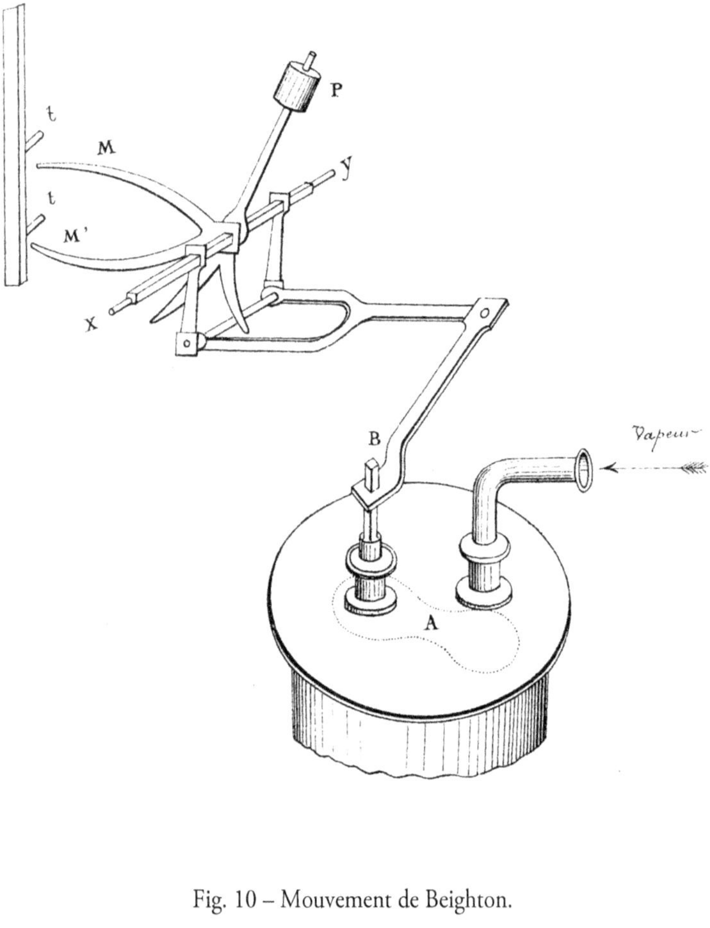

Fig. 10 – Mouvement de Beighton.

obturateur mu par les tringles de la machine (Fig. 10). Son appareil se composait d'un obturateur A calé sur l'axe B. Cet axe B recevait alternativement un double mouvement de rotation qui lui était communiqué par le système en Y représenté sur la figure.

Les barres M M' calées sur l'axe *x y* étaient successivement abaissées et soulevées par les taquets *t t'*.

Le contre-poids P avait pour effet, lorsque son centre de gravité était déplacé dans un sens ou dans l'autre, d'accélérer le mouvement de l'obturateur.

Beighton ajouta encore à la machine de Newcomen une soupape reniflante permettant l'évacuation de l'air entraîné par l'eau injectée pour la condensation.

Nouvelle machine de Denis papin

En 1707 Papin publia sa « *Nouvelle Méthode pour élever l'eau par le feu.* » Sa machine absolument dépourvue d'antériorité se composait d'une chaudière A dans laquelle on produisait la vapeur ; cette chaudière était liée au cylindre fermé B muni d'un robinet G à tubulure et d'une soupape M (Fig. 11). Ce cylindre contenait un piston creux C flottant sur l'eau dans l'intérieur duquel on plaçait un cylindre en fer K qu'on avait préalablement fait rougir, et qui avait pour but de rendre plus efficace l'action de la vapeur. Ce cylindre était remplacé lorsque son refroidissement était jugé suffisant. Par sa partie inférieure le cylindre communiquait avec le fond d'un vase à air I. Sur le tube de communication existaient une soupape R, s'ouvrant de *bas en haut* et un entonnoir F à soupape S s'ouvrant de *haut en bas.*

Un tube N, muni d'un robinet T conduisait l'eau au point où on voulait l'élever.

Fonctionnement : On met de l'eau dans l'entonnoir F, elle se rend dans le cylindre sous le piston qui flotte. Si on admet ensuite la vapeur dans la partie supérieure du cylindre B, en ouvrant le robinet T, cette eau sera refoulée dans le récipient I et, si on répète

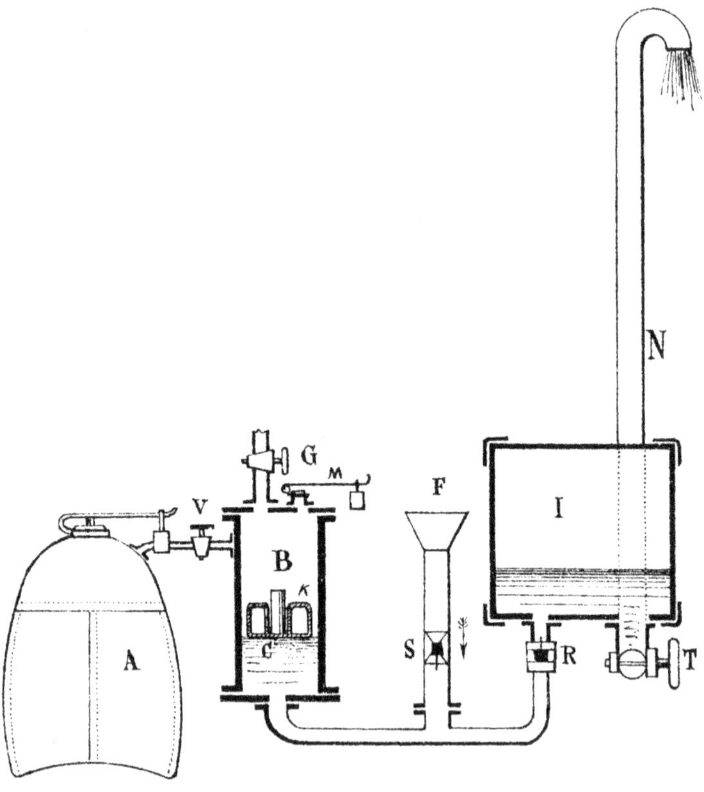

Fig. 11 – Machine pour élever l'eau par le feu de Papin.

plusieurs fois cette opération, on obtiendra dans le récipient I une pression proportionnelle à la réduction d'espace produite. (*Pression inversement proportionnelle au volume*). Cet air comprimé en I agira sur l'eau et lorsque l'on ouvrira le robinet T, cette dernière s'élèvera dans le tuyau N jusqu'au point de déversement.

Il construisit, suivant ce principe, des machines à double effet composées de deux machines simples juxtaposées (Fig. 12). La marche de ces machines doubles était commandée par une glissière G à double orifice O O', obstruant l'ouverture de l'un des récipients pendant que l'autre était mis en communication avec la chaudière. Il eût ainsi l'idée d'aspirer l'eau, dans les récipients, en utilisant le vide produit par la condensation de la vapeur.

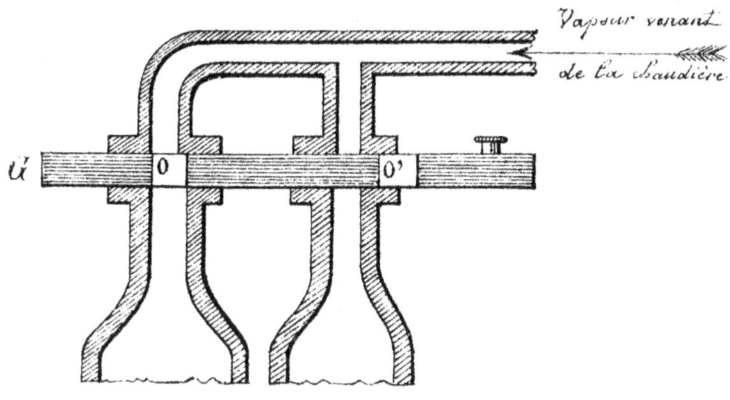

Fig. 12 – Machine à double effet de Papin.

James Watt

James Watt né à Greenock en 1736, entra à 16 ans comme apprenti chez un fabricant d'instruments de mathématiques ; à 20 ans il alla à Londres où il continua son métier. Pour des raisons de santé il retourna en Écosse et s'établit pour son compte à Glasgow où, en 1757, il fut nommé fabricant d'instruments à l'université.

Il se lia avec le docteur Robison, alors étudiant et qui conseilla à Watt d'étudier les machines à vapeur. Après avoir étudié sérieusement tout ce qui s'était fait avant lui, il se posa ce problème : « *Condenser la vapeur dans les cylindres sans refroidir ces derniers* ».

Il fut d'abord conduit dans ses recherches, à isoler le condensateur et à produire la condensation séparée à l'aide d'un deuxième vase où arrivait, en même temps que la vapeur, de l'eau froide.

Il se débarrassa de cette eau et de l'air à l'aide d'une pompe qu'il appela pneumatique.

Plus tard, il ferma par un couvercle l'ouverture supérieure de son cylindre et utilisa la force élastique de la vapeur *au lieu de celle de l'atmosphère* pour produire la descente du piston.

Afin d'éviter le refroidissement à travers le cylindre il créa la *chemise de vapeur* en faisant des cylindres à double enveloppe.

Son premier type se composait donc d'un cylindre de vapeur A, d'un « condensateur B, d'une pompe C et d'une bâche pleine d'eau froide D.

La pompe avait pour mission d'extraire l'eau et l'air contenus dans le condensateur.

Le piston P étant au sommet de sa course si, par le robinet S, on remplit le cylindre de vapeur et qu'ensuite, fermant le robinet S on ouvre le robinet R, la vapeur ira se condenser en B, le vide se produira dans le cylindre et le piston P alors soumis à la pression atmosphérique descendra jusqu'au bas du cylindre communiquant son mouvement au balancier.

Si on ouvre ensuite le robinet S, après avoir préalablement fermé celui R, la vapeur arrivant dans le cylindre *dont la température n'est pas sensiblement inférieure à 100°*, agira sous le piston qui s'élèvera et ainsi de suite.

Watt ayant remarqué un certain échauffement des parois de son condensateur le plaça, comme l'indique la figure 13, dans une bâche où ne cessait de couler de l'eau froide. La pompe du condensateur recevait son mouvement du balancier.

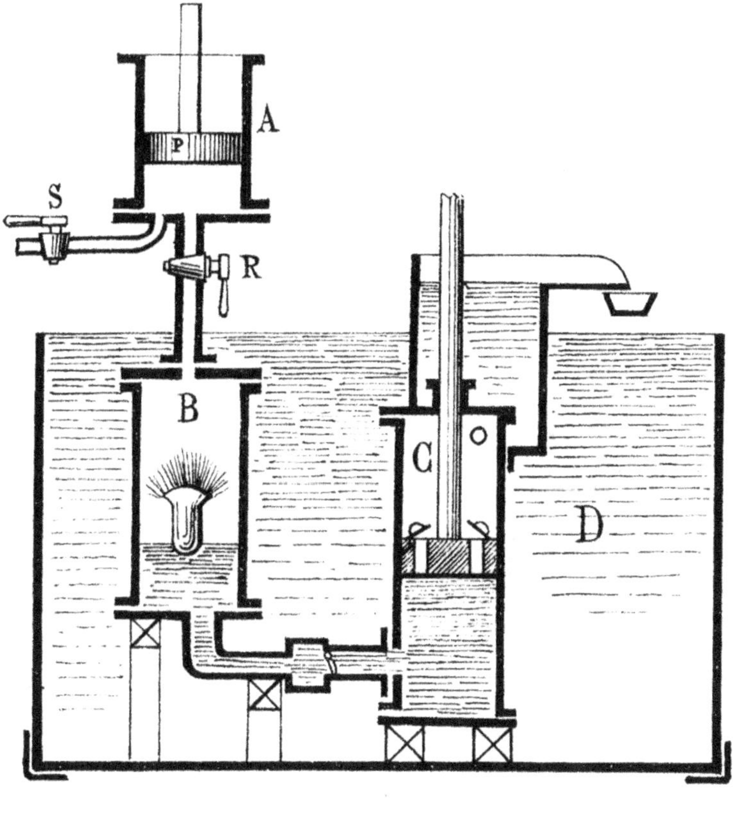

Fig. 13 – Chemise de vapeur de Watt.

DEUXIÈME DISPOSITIF

Dans ce dispositif, l'ascension du piston P a lieu en vertu du poids des tiges (Fig. 13 bis).

Les soupapes 1, 3, 4 étant ouvertes et la soupape 2 étant fermée, la vapeur de la chaudière venant par le tuyau T pénètre dans le cylindre à vapeur, sur le piston. Au même instant, la vapeur de la précédente manoeuvre qui avait pénétré dans le cylindre à vapeur sous le piston est évacuée par la soupape 3 et est condensée dans le condensateur C où arrive l'eau par la soupape 4. Le piston P étant au bas de sa course, les soupapes 1, 3, 4 sont abaissées sur leur siège par l'effet des taquets fixés *ad-hoc* sur la tige *t* de la poupe du condensateur et la soupape 2 est levée également par un taquet fixé sur la tige de la pompe.

A ce moment, la vapeur qui emplit le cylindre à vapeur sur le piston passe, grâce à l'ouverture de la soupape 2, de part et d'autre du piston le sollicitant également de chaque côté. L'équilibre est néanmoins rompu par le poids des tiges qui relève le piston jusqu'à la partie supérieure du cylindre.

Watt fut amené à régler l'ouverture de ses clapets afin d'éviter une accélération nuisible à la conservation des divers organes de la machine. La vapeur n'agissait plus alors que durant 1/3 de la course du piston en vertu de sa pression effective. Pendant les deux autres 1/3 c'était par sa force expansive qu'elle sollicitait le piston à descendre.

Les découvertes si importantes de Watt n'entrèrent dans le domaine de la pratique que vers 1763 époque à laquelle il fut mis en rapport avec le docteur Roebuck. Il fit une installation dans une mine de charbon située sur la propriété du duc d'Hamilton à Kinneil. Il prit alors (1769) une patente pour s'assurer la propriété de ses découvertes.

Le docteur Roebuck ayant fait de mauvaises affaires, Watt céda à Mathieu Boulton les droits du docteur Roebuck.

Une importante installation fut faite à Soho et Watt ayant obtenu, grâce à l'influence de M. Boulton, une prolongation de

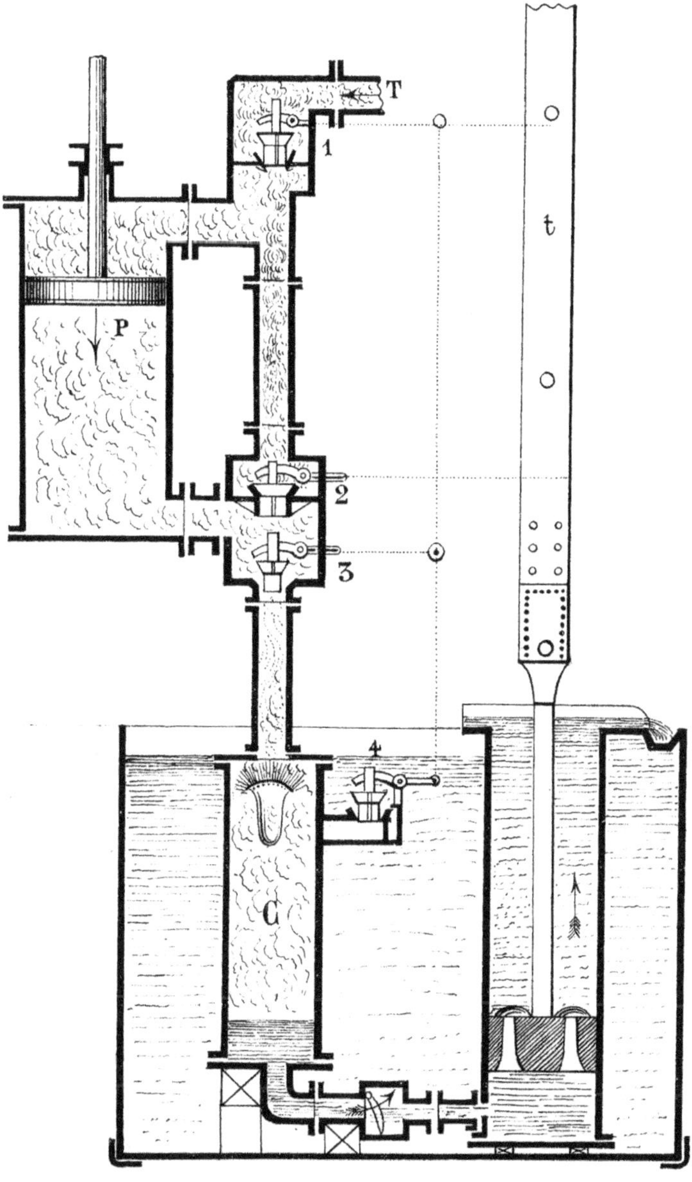

Fig. 13 bis – Deuxième dispositif de Watt.

25 ans à dater du moment de l'application, put enfin vendre ses machines.

On a évalué à 50 000 £ (1 250 000 fr.) la dépense faite par les associés de Watt avant qu'ils aient commencé à rentrer dans leurs déboursés. Il est profondément fâcheux qu'en France on ne trouve pas, aussi facilement, cet appui si précieux des capitaux. Bien des découvertes ont été portées à l'Étranger qui fussent restées chez nous.

Machine à double effet

Les machines de Watt, jusqu'ici affectées aux épuisements des mines, ne pouvaient recevoir aucune application dans les usines où un mouvement régulier et continu est indispensable ; l'intermittence de l'action motrice de la vapeur s'y opposait. La première idée qui vint à Watt fut de placer un cylindre de chaque côté du balancier, de cette façon, lorsque l'un des pistons montait, l'autre était soumis à l'action de la vapeur, ce qui assurait une action constante.

On dût renoncer bien vite à ce procédé ; on comprit, en effet, qu'il était beaucoup plus simple de changer le dispositif des clapets de façon à introduire séparément la vapeur sur et sous le piston ; à sa sortie, cette vapeur se rendait dans le condenseur.

Une nouvelle difficulté surgit :

Comment fixer la tige du piston au balancier ?...

Watt, dont le génie était rarement pris au dépourvu, proposa d'abord une transmission par crémaillère, mais les chocs résultant du jeu nécessaire des dents et de leur usure furent un obstacle qui entraîna le rejet de ce dispositif (Fig. 14).

Après s'être quelque temps arrêté à un dispositif consistant en deux chaînes transmettant au balancier le mouvement alternatif du piston, il fit sa fameuse découverte du *Mouvement parallèle* ou *Parallélogramme de Watt.*

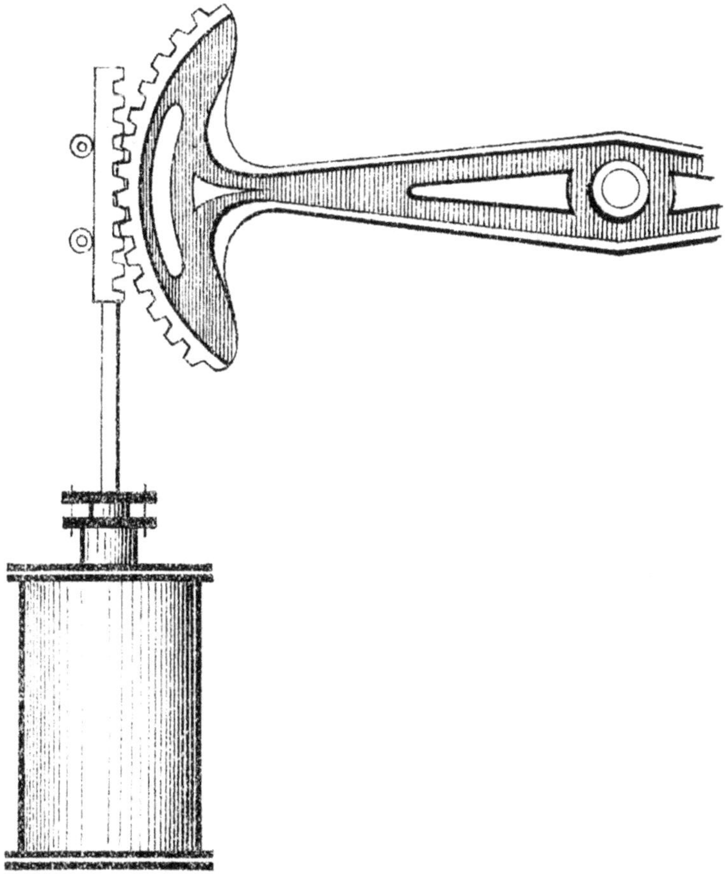

Fig. 14.

Parallèlogramme de Watt

Afin d'assurer la direction rectiligne du mouvement de la tige du piston sollicitée par le balancier à décrire un arc de cercle, Watt imagina un dispositif appelé *Parallélogramme de Watt* et composé de tringles articulées.

Premier dispositif (Fig. 15)

Soit OB le demi balancier de la machine à vapeur.

A C la tige du piston, O' B' une tringle articulée en O' point fixe.

Si l'on imagine deux barres jumelles B B' fixées par une articulation à l'extrémité B du balancier d'une part et à l'extrémité B' de la tringle d'autre part, et qu'on assemble en A la tige du piston, on aura réalisé le premier type du parallélogramme de Watt.

Deuxième dispositif (Fig. 16)

Soit A B le demi-balancier de la machine et C un axe, soit C D B E deux brides d'égale longueur reliées entre elles par une entretoise E D articulée en D et en E. Les lignes tirées des axes B C D E formeront un parallélogramme.

Soit F un point fixe déterminé de façon que la ligne F D soit horizontale quand le balancier est dans sa position moyenne. Une barre F D oscillant autour du point fixe F suit, par son extrémité D, le mouvement de la bride C D.

Enfin, la tige du piston G est attelée à l'extrémité. E de la bride B E et décrit une branche de la courbe en 8 se rapprochant infiniment de la ligne droite.

Watt donnait à ces divers organes les proportions suivantes :

B C = A C, CD = BE = 1/2 course du piston.

Distance horizontale entre les deux verticales passant par l'axe du piston et l'axe de la manivelle, égale à 3 fois la course du piston.

Distance d'axe en axe des extrémités du balancier, égale à 3,0833 fois la course.

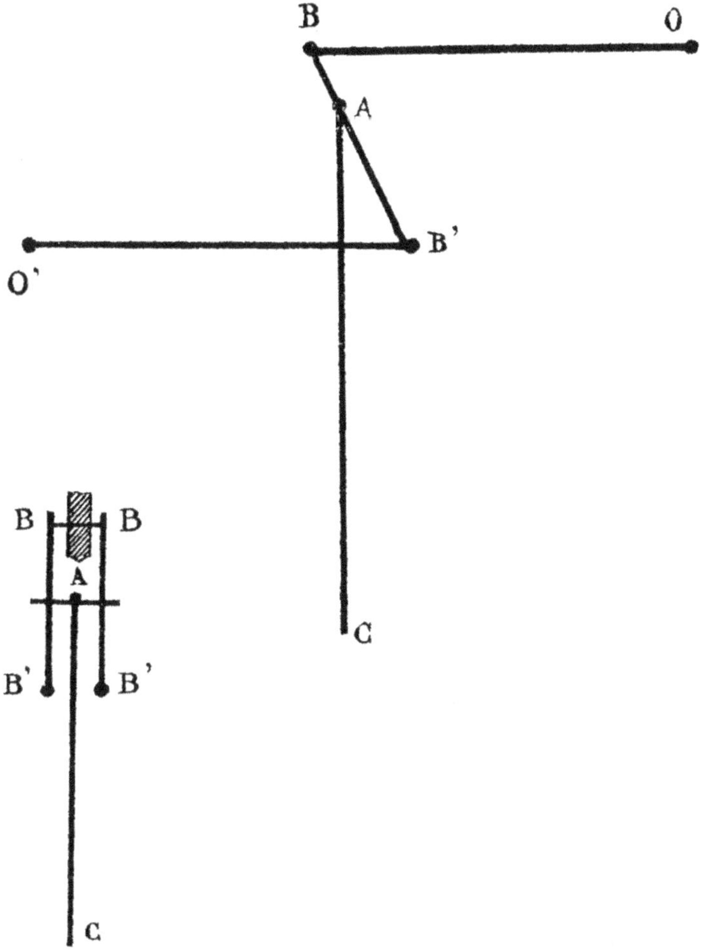

Fig. 15 – Parallèlogramme de Watt : premier dispositif.

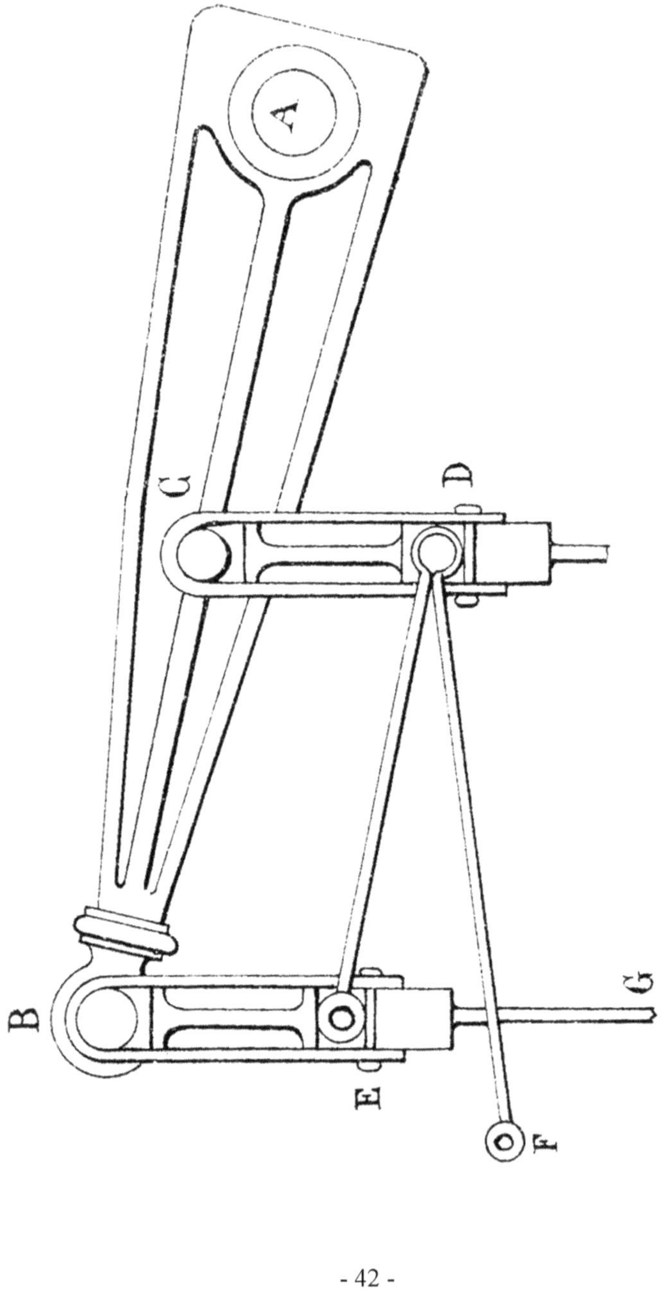

Fig. 16 – Parallélogramme de Watt : deuxième dispositif.

Watt plaçait le point fixe F sur la verticale que doit suivre la tête de la tige du piston.

Il restait encore à créer un organe important pour compléter la merveilleuse machine de Watt. C'était celui qui devait transformer en mouvement de rotation le mouvement d'oscillation du balancier. Il créa la manivelle telle qu'elle est employée de nos jours. Mais un ouvrier de son atelier ayant communiqué à Washboroug cette nouvelle découverte, ce dernier n'hésita pas à se l'approprier par une patente.

Watt puisa une fois encore dans son esprit inventif le moyen de tourner cette nouvelle difficulté qu'un procès cependant eût réglée tout à son avantage. Il créa son système « planétaire » se composant de deux roues, celle A calée sur l'arbre de couche qu'il désigna sous le nom de « Soleil » et celle B fixée, sans pouvoir tourner à l'extrémité de la bielle, qu'il appela « planète » (Fig. 17).

Ce système fut appliqué à ses machines jusqu'à l'expiration de la patente de Washboroug.

Ce mode de transmission présente une particularité très importante qu'il est bon de signaler : la roue A accomplit deux révolutions par révolution de la roue B, c'est-à-dire que la vitesse de l'arbre de couche est deux fois plus grande avec la transmission par le système planétaire qu'avec la manivelle.

Dans ce même ordre d'idées, Kean Fitz Gérald, dit Robison, publia en 1758, dans les *Transactions philosophiques*, un moyen de transformer en mouvement circulaire continu, le mouvement alternatif du balancier. Ce balancier actionnait, successivement, deux roues à rochets. L'un de ces rochets était mis en mouvement par le mouvement ascensionnel du balancier, le deuxième par son mouvement descendant. Un volant assurait l'uniformité du mouvement de rotation.

Enfin, Watt fut amené à utiliser la vitesse acquise des corps mis en mouvement, par une force quelconque pour le passage des points culminants *r s*, où l'action de la bielle se borne à une pression sur l'axe de l'arbre de couche. C'est ainsi qu'on a calé

Fig. 17 – «Système planétaire» de Watt.

sur ce dernier une roue pesante (volant) produisant, par entraînement, le passage de ces points appelés *points morts.*

Watt a encore doté la machine à vapeur d'un appareil destiné à régulariser la marche de la machine afin d'éviter une trop grande accélération lorsque la résistance diminue, ou que la pression de la vapeur s'accroît.

Cet appareil (qui a bien le défaut de produire des étranglements) dont se servaient déjà à cette époque les meuniers sous le nom de *régulateur* ou *gouverneur* dans leurs engins réglant l'écoulement du grain dans les meules, se compose d'un disque A (papillon) calé sur un axe B C et pouvant rétrécir la section S du tuyau ou la laisser complètement libre suivant les besoins (Fig. 18).

Un ouvrier fut d'abord chargé de faire mouvoir cet appareil suivant les changements qui se produisaient dans la marche de la machine ; mais Watt comprit que la machine devait pouvoir, pour être parfaite, se régler d'elle-même sans le secours d'aucun ouvrier ; il imagina alors son régulateur à boules dont le fonctionnement est basé sur la force centrifuge (Fig. 19).

On sait, en effet, que deux boules métalliques fixées au sommet d'un axe vertical, s'éloigneront d'autant plus de cet axe que la vitesse de rotation de ce dernier sera plus grande. Utilisant ce principe, Watt construisit le régulateur représenté fig. 20.

- AB et C D – tiges articulées autour de l'axe O
- A F et C E – tiges articulées reliant les extrémités des tiges A B C D au curseur E F
- M N – boules
- R – Poulie à gorge recevant le mouvement de l'arbre de couche.
- V – Valve ou papillon.

La théorie permit plus tard de donner à tous ces organes, que le génie seul de Watt avait combinés, des formes et des dimensions plus rationnelles.

Dans la machine à double effet de Watt (Fig. 21 et 22), la distribution de la vapeur, de chaque côté du piston, et son

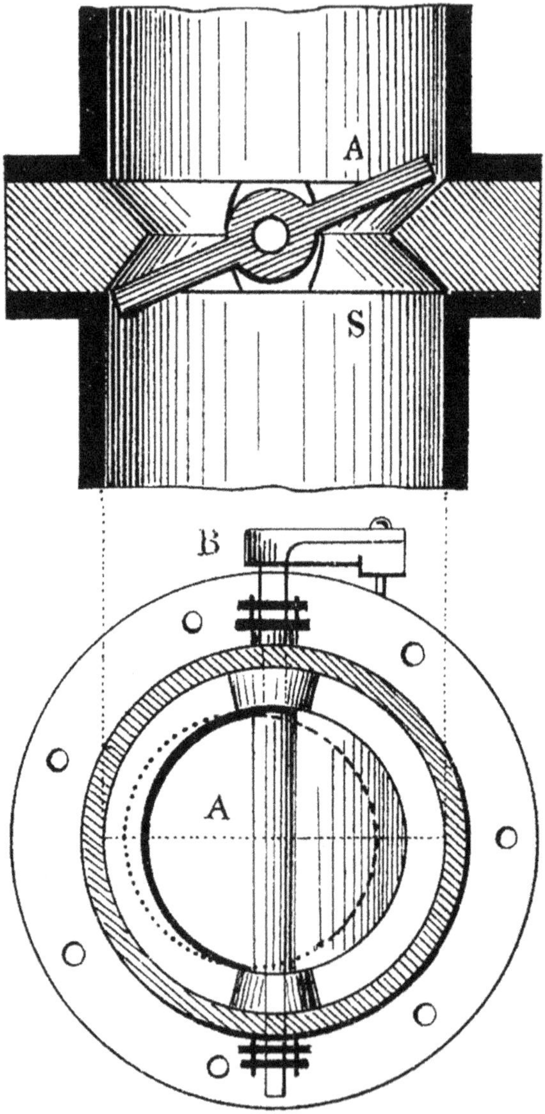

Fig. 18 – Régulateur ou gouverneur.

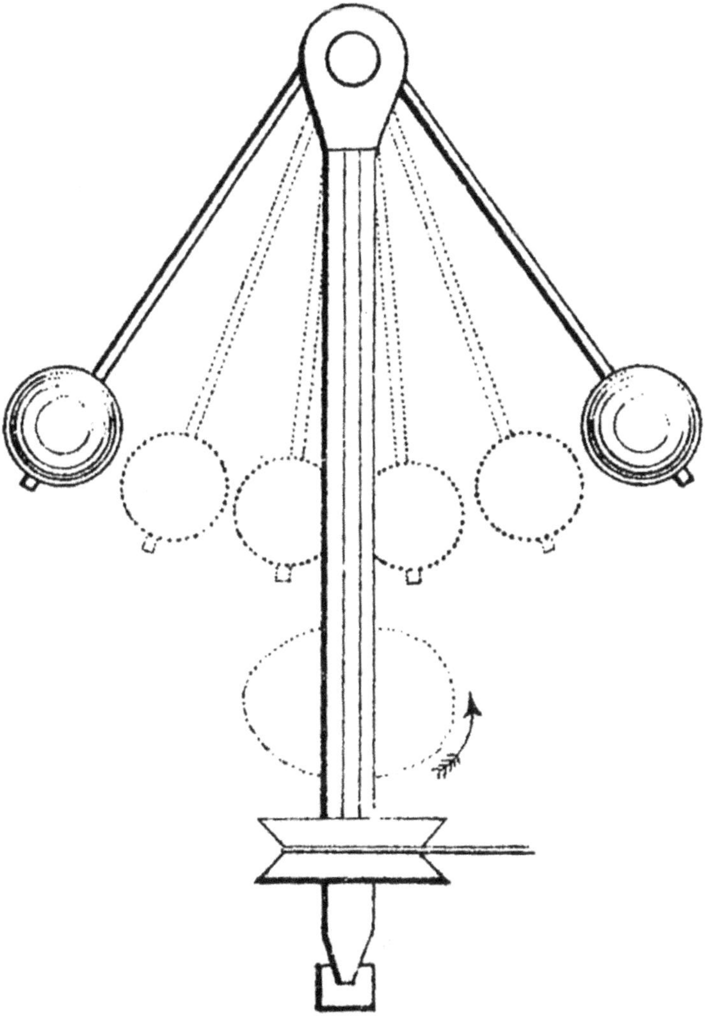

Fig. 19 – Régulateur à boules.

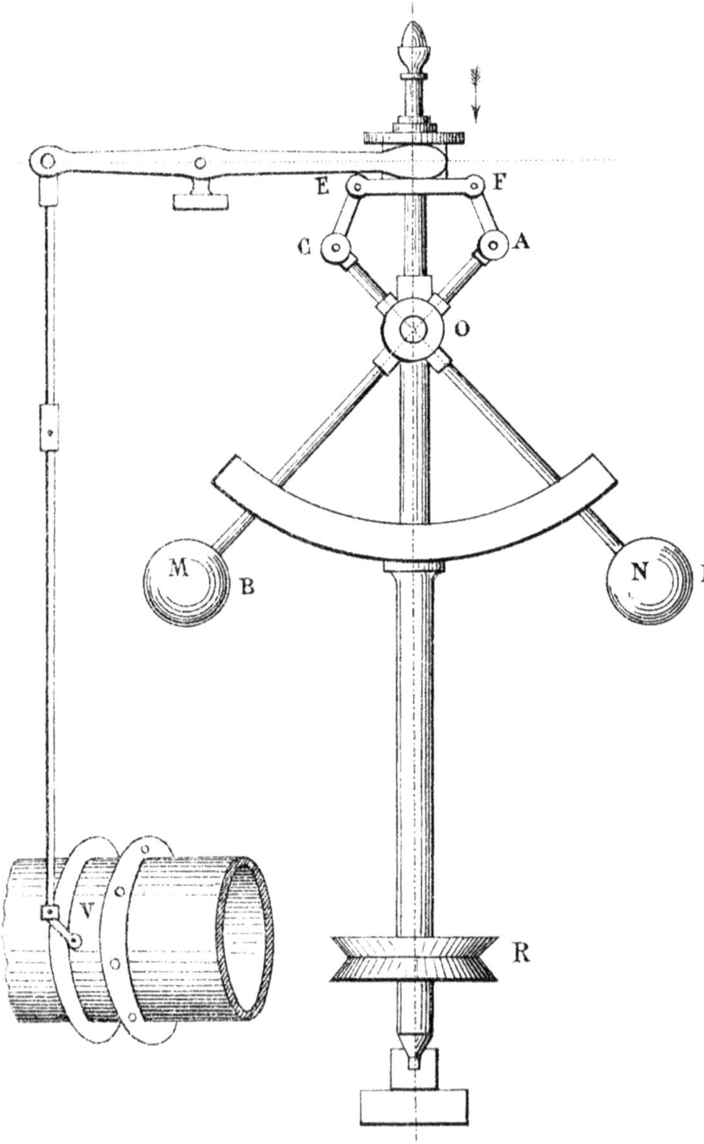

Fig. 20 Régulateur à boules de Watt.

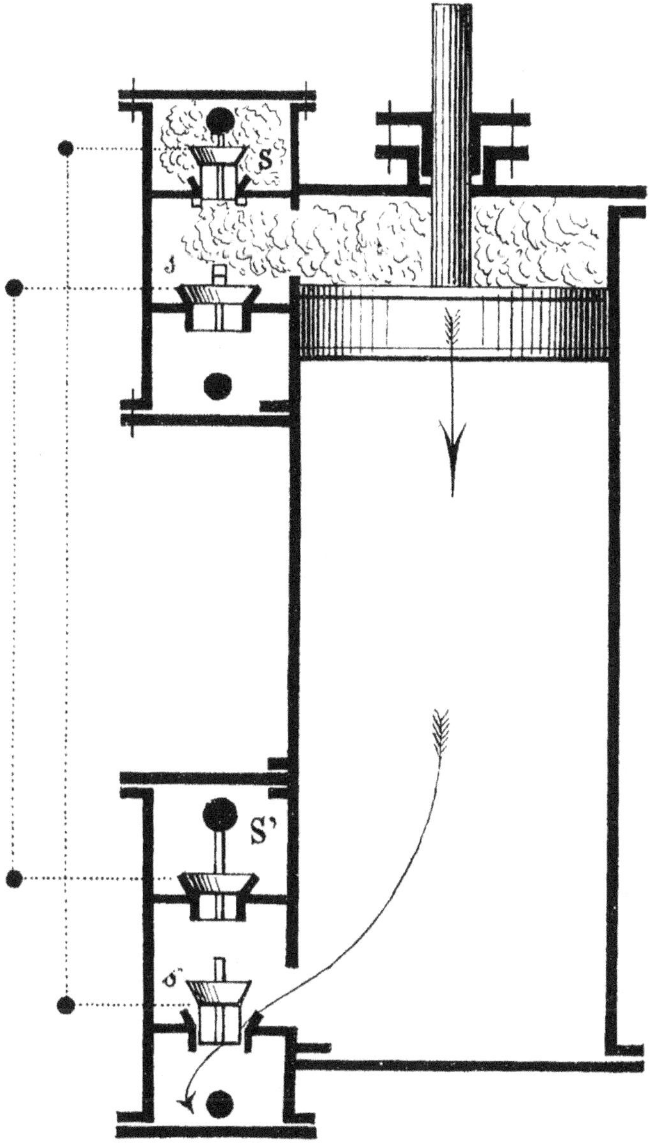

Fig. 21

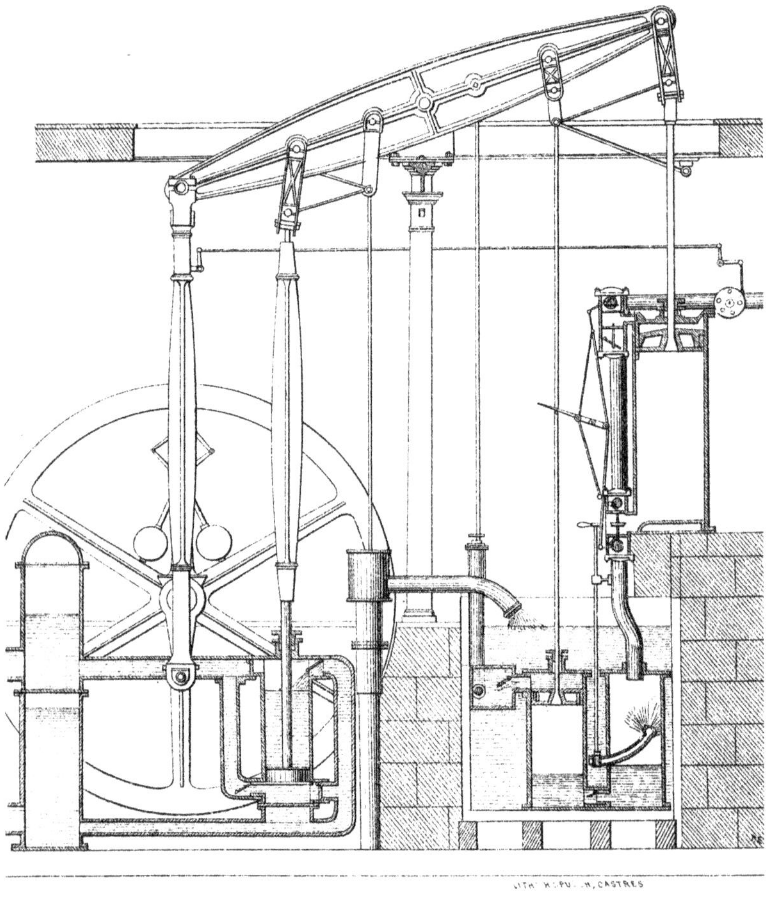

Fig. 22 – Machine à vapeur à double effet de Watt.

écoulement dans le condenseur, étaient produits par un double jeu de soupapes qu'il appelait :

Les Soupapes d'admission	Soupape à vapeur	supérieure **S** inférieure **S'**
Les Soupapes d'échappement	Soupape d'épuisement	supérieure **s** inférieure **s'**

Le fonctionnement de ces soupapes était réglé symétriquement de manière à produire simultanément :

1°. l'ouverture de la soupape à vapeur supérieure et l'ouverture de la soupape d'épuisement inférieure.

2°. L'ouverture de la soupape à vapeur inférieure et l'ouverture de la soupape d'épuisement supérieure.

Pendant ces deux périodes, la fermeture des autres soupapes se produisait en même temps que l'ouverture de celles symétriques avait lieu. Pour obtenir ce résultat Watt faisait communiquer à l'aide d'un levier :

- La soupape à vapeur supérieure et la soupape d'épuisement inférieure.
- La soupape d'épuisement supérieure et la soupape à vapeur inférieure.

Ces soupapes ainsi liées deux à deux étaient soulevées par une cheville placée sur la tige du piston de la pompe pneumatique, tige liée au mouvement du balancier et par là à celui du piston à vapeur.

Murray, de Leeds

Après cette première application, Murray, de Leeds, prit un brevet que Watt fit annuler, pour un dispositif dans lequel les tiges des soupapes de chaque boîte à soupape se pénétraient, ce qui permettait de supprimer un presse étoupes à chaque boîte à soupapes.

Disons sans retard que cette idée, assez ingénieuse que Watt avait d'ailleurs appliquée avant Murray, offrait de sérieuses difficultés quant à l'application. Des fuites ne tardaient pas à se produire entre les deux tiges et d'ailleurs au point de vue même de la construction et des réparations, ce dispositif ne constituait pas un véritable progrès. On l'abandonna.

La machine de Watt était complète ; il ne s'occupa donc plus de créer, il s'attacha à perfectionner. C'est ainsi qu'il modifia l'organe mettant en mouvement les soupapes ; comme on le sait, ces mouvements de soulèvements alternatifs étaient produits directement par le balancier ; Watt imagina de les produire par l'arbre de couche et, à cet effet, il créa l'excentrique (Fig. 23). Ce mécanisme, qui est employé de nos jours tel que Wat le conçut se compose de deux demi-cercles (colliers) A-B reliés par des boulons *m-m'*. Dans ces demi-cercles tourne, à frottement doux, un disque D, excentré de façon que la distance *x y* des axes de l'arbre et du disque (excentricité) soit exactement égale à la quantité dont les soupapes doivent être soulevées. Il est aisé de voir que le déplacement total de l'axe du disque, (déplacement égal à celui de l'extrémité K de la barre d'excentrique) sera deux fois la distance *x y* et il s'accomplira en deux périodes égales pour un tour de manivelle. L'une de ces périodes produira le soulèvement du premier système de clapets, la deuxième produira le soulèvement du deuxième système, ce qui assurera le mouvement de va-et-vient du piston dans le cylindre et, par suite, la marche régulière de la machine.

Pour terminer ce chapitre, notons que la distribution de la vapeur dans les machines eut d'abord lieu par l'intermédiaire des soupapes.

Nous avons cru devoir souligner ce fait, afin de détruire cette croyance de certaines personnes, que les machines à soupapes qui ont figuré aux dernières expositions constituaient une innovation quant à l'emploi de la soupape comme organe d'admission de vapeur.

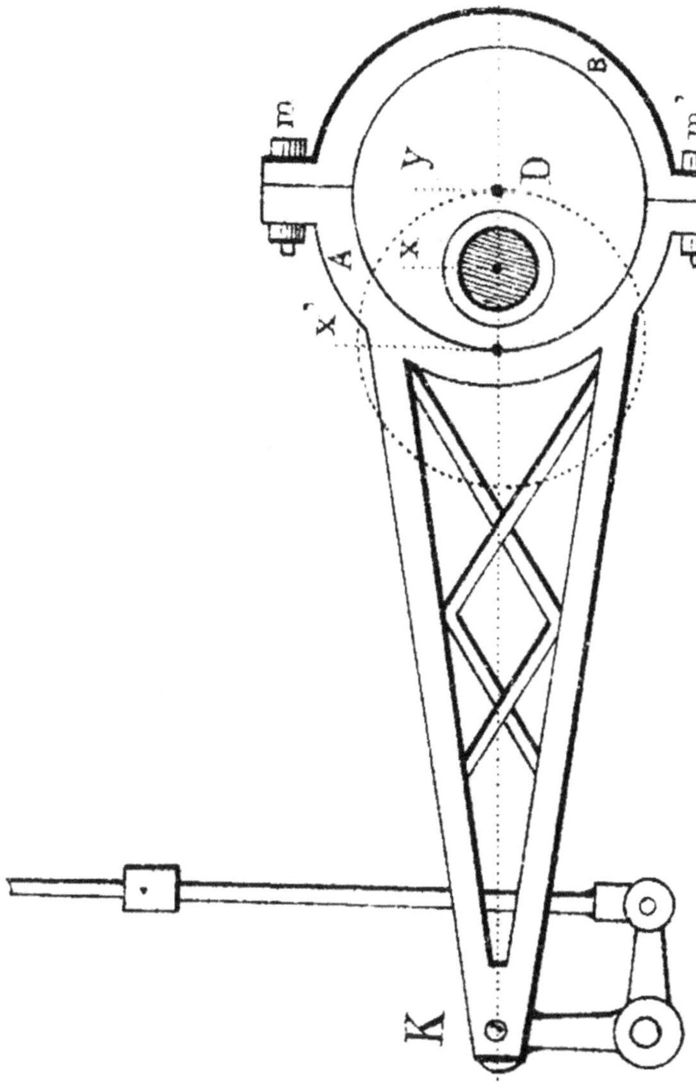

Fig. 23 – L'excentrique de Watt.

DISTRIBUTION PAR TIROIR

Tiroir de Murray

Murray, de Leeds, appliqua le premier la distribution par tiroir. Son appareil se composait d'une seule boîte à tiroir remplaçant les deux boîtes à soupapes de Watt (Fig. 24).

Dans cette boîte, se déplaçait un tiroir T attelé à l'excentrique par l'intermédiaire de tiges rigides.

Deux conduits O O permettaient à la vapeur de pénétrer successivement de chaque côté du piston P. Un troisième conduit O' communiquait avec le condenseur.

Le déplacement de ce tiroir était égal à la longueur totale des orifices O O (ou à l'excentricité totale de l'excentrique).

Les orifices O O étaient successivement obstrués et découverts par les rebords *r r* du tiroir. La partie creuse M de ce dernier était constamment en communication avec le condenseur et, comme l'indique la figure 24, établissait successivement cette communication tantôt avec la partie supérieure du cylindre, tantôt avec la partie inférieure.

Ce mode de distribution, fort ingénieux, n'a pas été abandonné et on le retrouve encore dans la plupart de nos machines.

Il est vrai de dire que l'étude des diagrammes, inconnue à cette époque essentiellement pratique, a conduit à apporter à ce tiroir primitif des modifications résultant de l'emploi de la vapeur à de

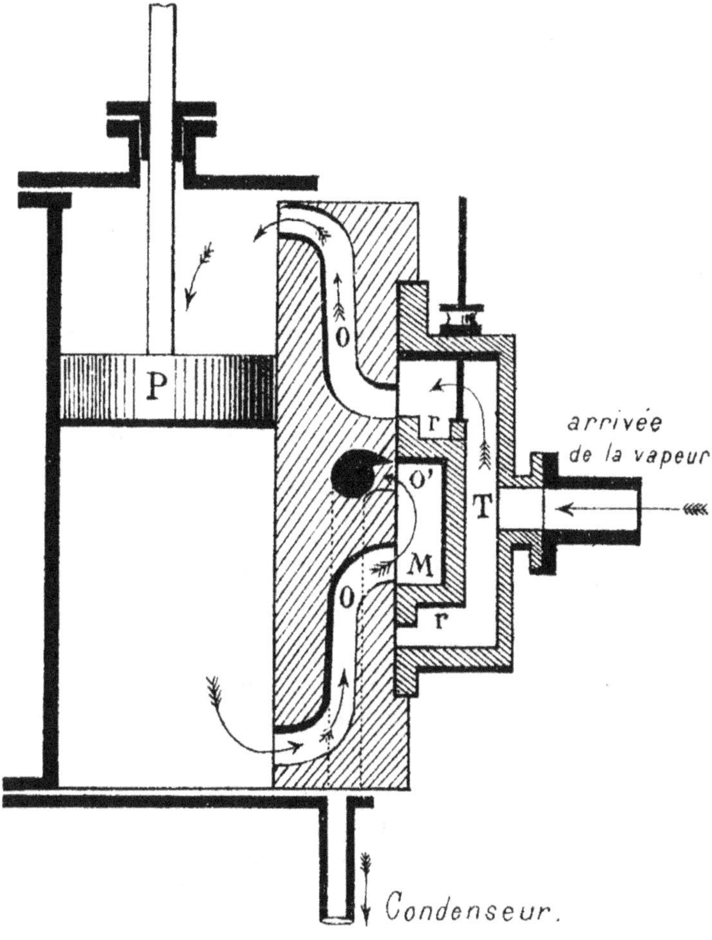

Fig. 24 – Tiroir de Murray.

hautes pressions et de la vitesse des pistons. Nous reviendrons d'ailleurs sur ce sujet lors de l'étude du tracé des diagrammes.

SOUPAPE EN D DE WATT

Watt imagina encore de régler la distribution de la vapeur au moyen d'un dispositif qu'il appela « Soupape en D » en raison de la forme que présente la section normale à l'axe des deux tampons dont elle se composait (Fig. 25).

Cette soupape se composait donc de deux tampons métalliques A et B reliés l'un à l'autre par une tige T. Cet ensemble, attelé à la tringle de l'excentrique *t*, se déplaçait en un mouvement de va-et-vient dans un conduit *c* affectant, en section, la forme d'un D. La vapeur de la chaudière arrivait par l'orifice O. L'orifice O' communiquait avec le condenseur. Le fonctionnement de ce nouveau mode de distribution consistait, comme on le voit, en une succession d'obturations des orifices *i i' j j'* par les tampons A et B. Ce dispositif a été modifié d'une façon plus ingénieuse que pratique. On a relié les deux tampons par une barre en forme de tube permettant de supprimer la deuxième enveloppe extérieure du dispositif précédent. La vapeur, après son action sur la face supérieure du piston, pénétrait dans l'orifice S (condenseur) en enveloppant la barre en forme de tube (Fig 26).

Il en était de même pour l'échappement de la vapeur ayant agi sur la face inférieure du piston.

Quant à l'admission, elle avait lieu directement par l'orifice O, pour la partie inférieure du cylindre et à travers le tube pour la partie supérieure. L'ensemble des deux tampons et du tube les reliant obéissait aux mouvements de l'excentrique.

TIROIR SAMUEL SEAWARD

Le tiroir de Samuel Seaward avait l'avantage de réduire considérablement les espaces nuisibles, la vapeur de la chaudière

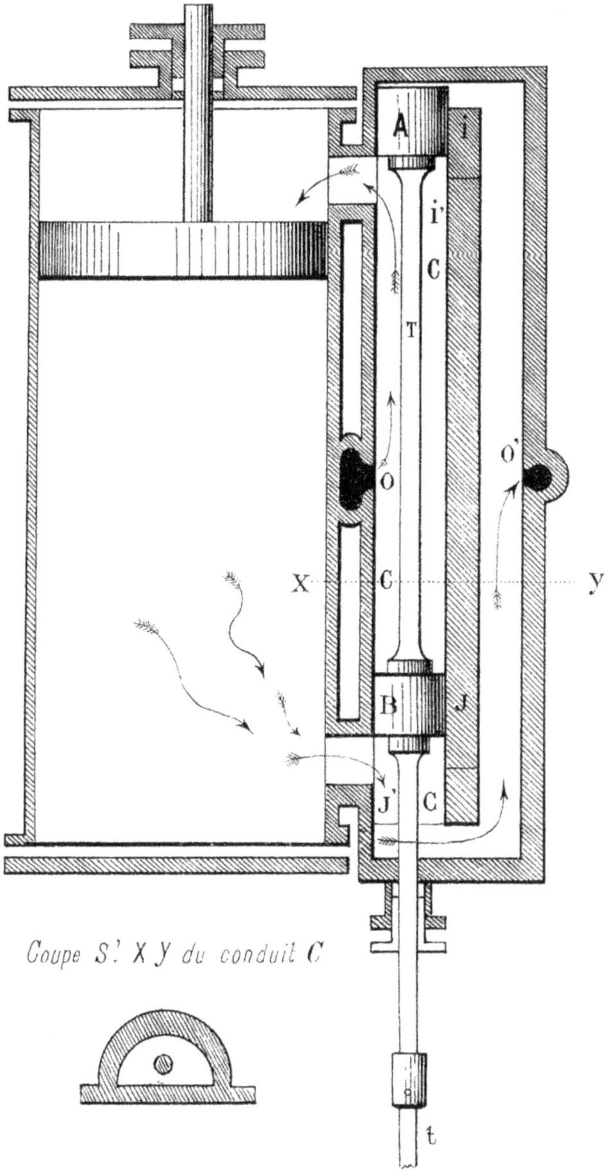

Fig. 25 – Soupape en D de Watt.

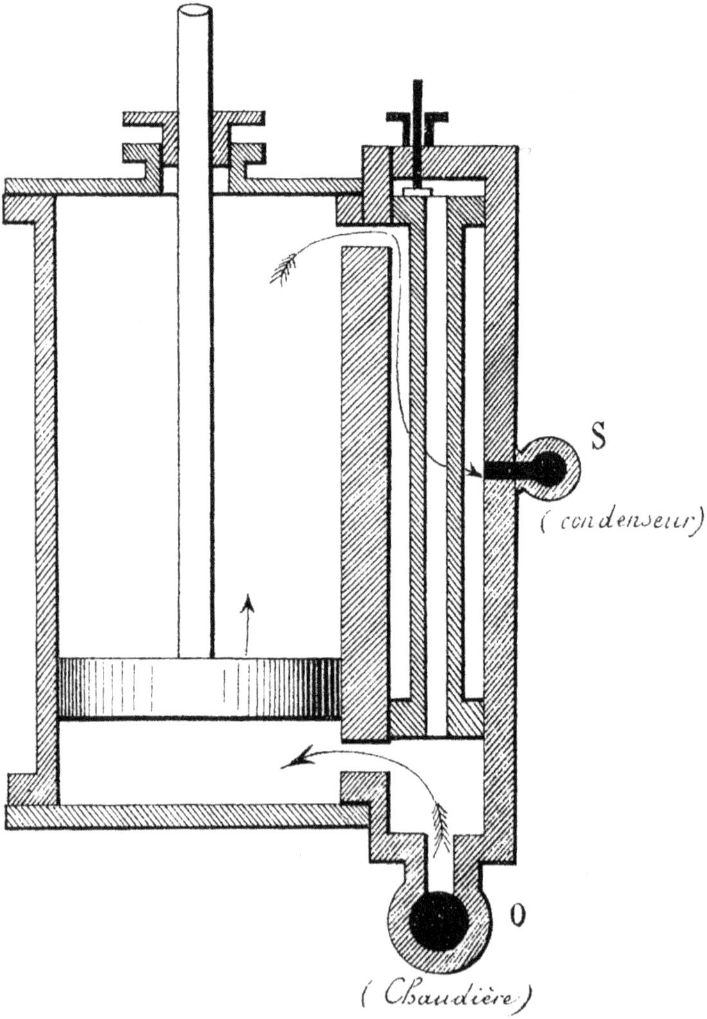

Fig. 26

arrivant exactement dans le voisinage des orifices d'introduction du cylindre. Il se composait simplement d'une plaque métallique glissant sur la surface polie, dans laquelle étaient pratiqués les orifices (Fig. 27). Deux de ces plaques, A B, avaient pour but de produire et d'interrompre successivement l'admission de la vapeur de la chaudière dans le cylindre ; les deux autres plaques C-D, admettaient successivement dans le condenseur la vapeur ayant agi sur les faces du piston.

Ces plaques étaient mues par des tringles attelées à la barre d'excentrique. On n'a pas porté, à ce dispositif fort simple, toute l'attention qu'il nous paraît mériter. Les organes d'admission et d'échappement, complètement indépendants les uns des autres, se prêteraient à une distribution absolument rationnelle. Nous y reviendrons donc au cours de cet ouvrage.

Distribution par robinets

La distribution par robinets, fort simple en apparence, n'en a pas moins de graves inconvénients.

D'abord la perte, à chaque coup de piston, de la vapeur contenue dans le conduit reliant le cylindre au robinet, ensuite (et c'est l'objection la plus sérieuse que l'on puisse élever contre l'emploi des robinets) la façon inégale dont se produit l'usure de la clef du robinet. Cette usure, en effet, plus rapide dans le voisinage de la partie forcée que dans l'autre partie du pourtour, produit après quelque temps de marche un vide résultant de l'ovalisation de la clef, vide à travers lequel se produit un épanchement constant de vapeur.

Le robinet à plusieurs voies remonte à Papin et Leupold, dans son *Theatrum Machinarum* (1720), en fait une description.

Ainsi que l'indique la figure 28, la clef du robinet dans laquelle ont été pratiqués deux conduits met successivement en communication la partie supérieure et celle inférieure du cylindre : 1° Avec la chaudière par le tuyau S ; 2° avec le condenseur par le

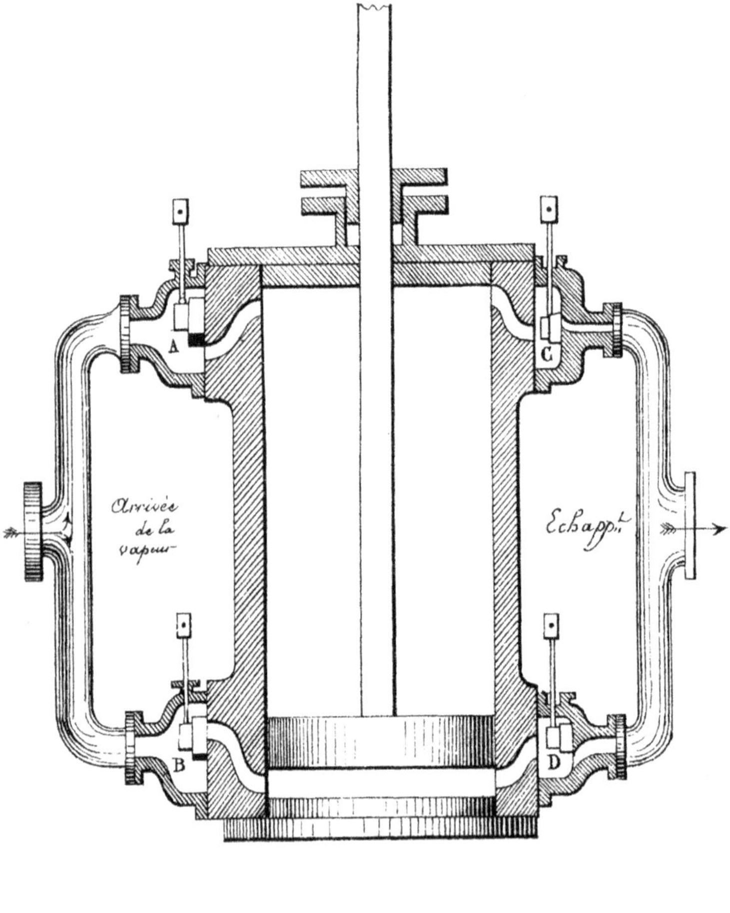

Fig. 27 – Tiroir de Samuel Seaward.

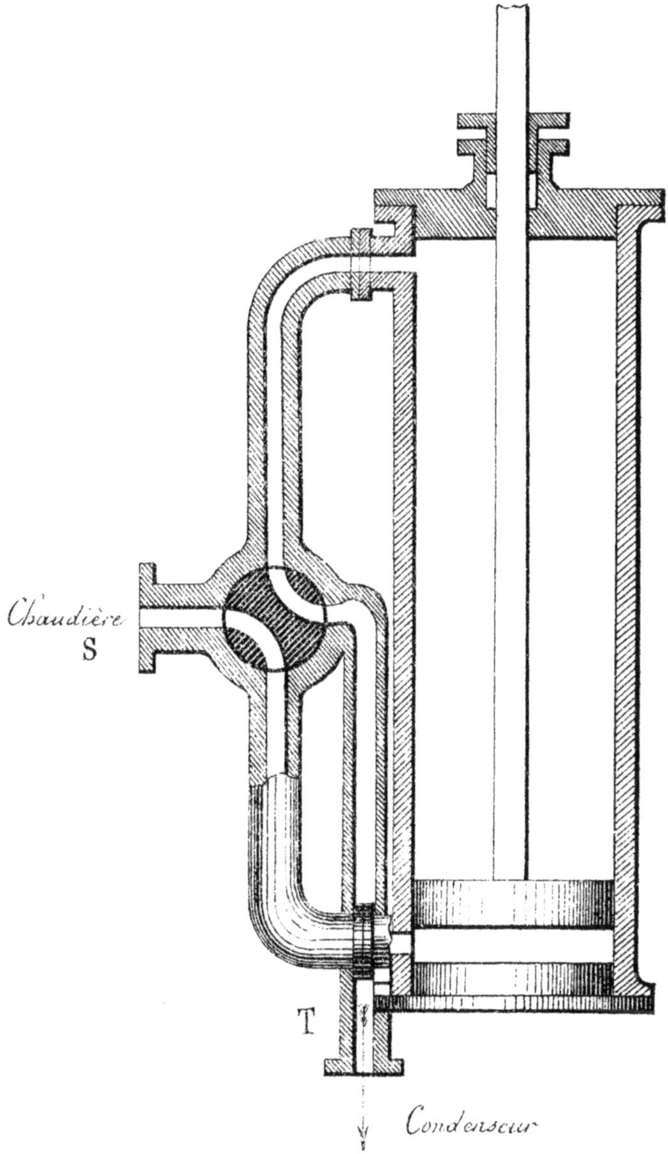

Fig. 28 – Distribution par robinets.

tuyau T. On pourrait bien, pour éviter les espaces nuisibles et les pertes de vapeur qui en résultent, mettre un robinet à chaque extrémité du cylindre, mais l'ensemble perdrait de sa simplicité. Ce serait toutefois l'unique moyen d'obtenir la détente dans l'application de ce système de distribution.

MACHINES A DEUX CYLINDRES

Un ingénieur nommé Hornblower construisit, en 1781, une machine d'épuisement à deux cylindres fort ingénieuse et dont le principe a reçu, ces dernières années, de nombreuses applications. Grâce aux progrès de la science, de la mécanique et aussi aux moyens si puissants dont dispose, de nos jours, l'art de la construction, on est arrivé, en partant du principe de la machine Hornblower au summum de l'utilisation rationnelle de la vapeur et, partant, du combustible. Nous nous occuperons, d'ailleurs, de ces magnifiques machines dans un autre chapitre.

Hornblower frappé de la puissance avec laquelle l'échappement se produisait dans la machine, eut l'idée d'en tirer parti. Il imagina donc de faire agir cette vapeur d'échappement avant qu'elle ne se rendît dans le condenseur, sur un deuxième piston se mouvant dans un deuxième cylindre. A cet effet, il plaça deux cylindres verticaux, l'un à côté de l'autre, la course de leurs pistons et par suite leur hauteur étant exactement proportionnelle à la distance du point d'attache des chaînes, des tiges des pistons à l'axe du balancier.

La machine (Fig. 29) se composait donc de deux cylindres A, A' dans lesquels se mouvaient les deux pistons P, P'. Le cylindre A (le plus petit) recevait directement la vapeur de la chaudière par la soupape F, Un tuyau *r, s,* avait pour but d'établir une communication entre le haut et le bas de ce cylindre,

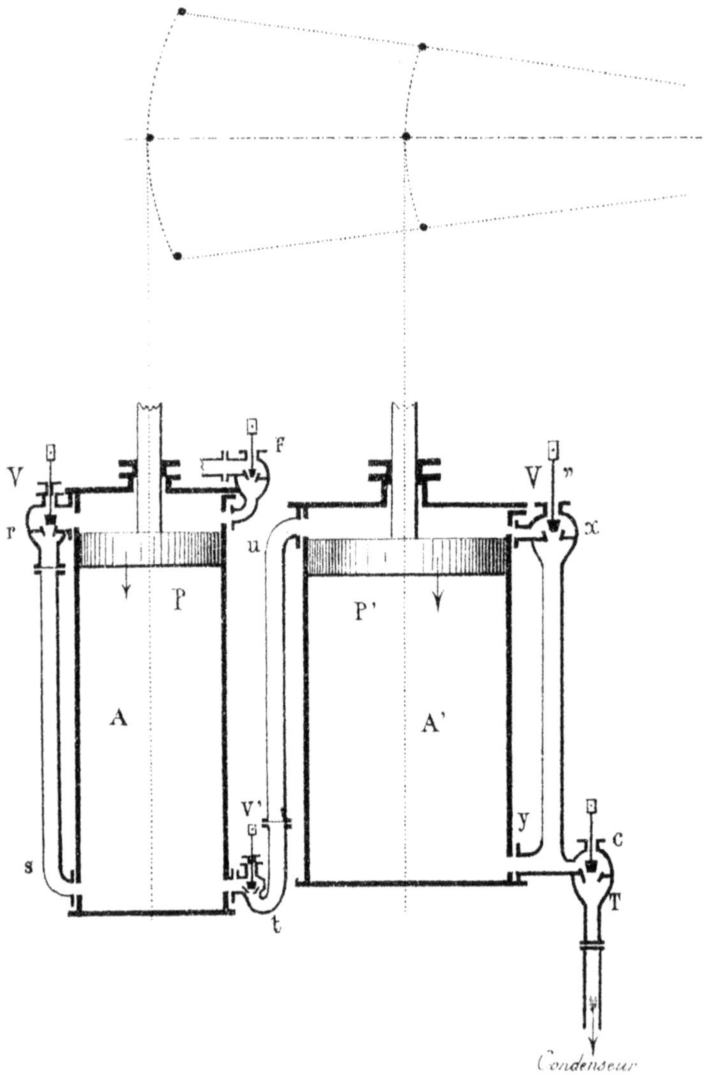

Fig. 29 – Machine à deux cylindres, de Hornblower.

communication que la soupape V interrompait en temps utile. Un deuxième tuyau *t, u,* reliait le bas du petit cylindre au haut du grand, il était également muni d'une soupape V'. Enfin, un troisième tuyau *x, y,* était destiné à mettre en communication le haut et le bas du grand cylindre. Il était muni d'une soupape V".

La vapeur, ayant agi successivement dans les deux cylindres, se rendait au condenseur par le tuyau T muni d'une soupape C. Lorsqu'on ouvrait les soupapes C-F et V', la vapeur venait de la chaudière, agissait sur le piston P.

Au même instant, le grand cylindre étant mis en communication avec le condenseur, le vide se produisait sous le piston P' et la vapeur qui se trouvait sous le piston P' du petit cylindre venait, grâce à l'ouverture de la soupape V', agir sur le grand piston P', joignant ainsi son action à celle de la vapeur qui, venant de la chaudière, agissait sur le petit piston. Dans le calcul de la puissance de ces machines, il faut tenir compte de la résistance toujours décroissante d'ailleurs, produite par la vapeur qui, pendant la précédente manœuvre, a pénétré sous le piston (petit cylindre).

L'ascension des pistons était produite par le poids des tiges de la pompe attelées à l'autre extrémité du balancier. A cet effet, les soupapes précédemment ouvertes se refermaient et celles V et V" s'ouvraient.

Cette machine, *fonctionnant à basse pression,* ne réalisa pas les avantages qu'on en attendait, mais c'était une innovation importante dont Woolf tira parti quelques années plus tard.

Hornblower est l'inventeur de la soupape équilibrée (Fig. 30). Cet ingénieux organe se compose de deux clapets *a-b* superposés et renfermés dans une même « chapelle ». Ils sont fixés à une tige unique *t.*

Si l'on suppose que les clapets sont sur leur siège en appelant P la pression de la vapeur dans la chaudière, P' la pression de la vapeur dans le cylindre au moment de la levée, nous avons, sur les diverses faces des clapets des pressions déterminant, pour le soulèvement, un effort représenté par :

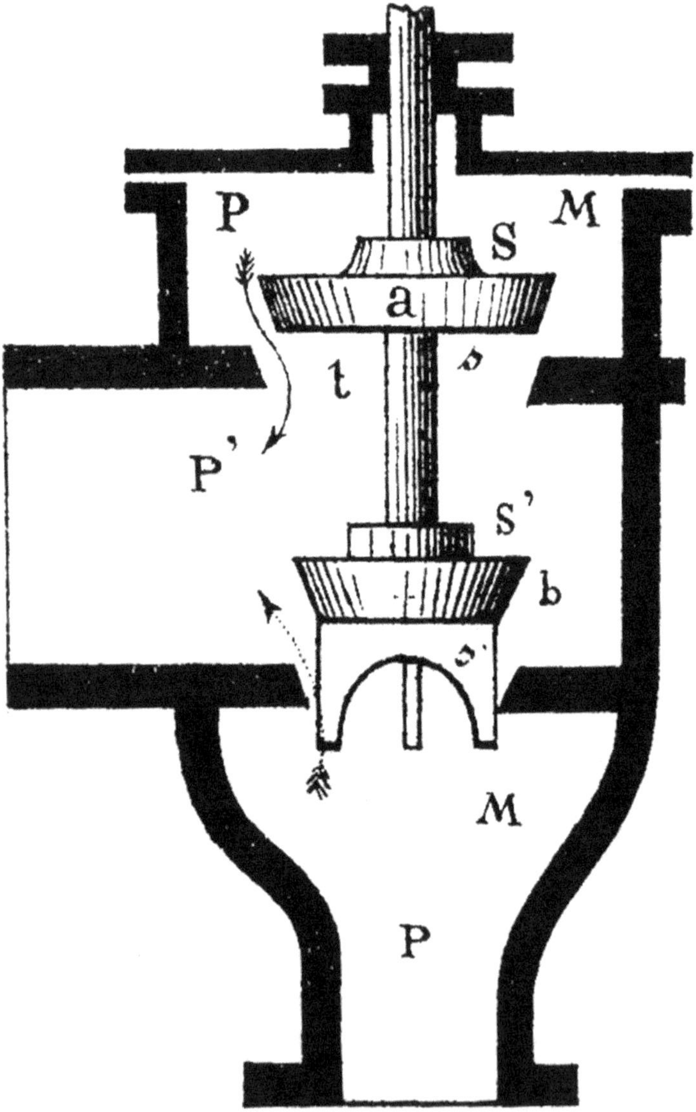

Fig. 30 – Soupape équilibrée d'Hornblower

$$E = P\,S - P\,s' + P'\,S' - P'\,s$$
$$E = P\,(S - s') - P'\,(s - S')$$

et , si l'on fait $s = S'$ on a $E = P\,(S - s')$.

On peut donc rendre cet effort très faible. Il ne faudrait cependant pas le rendre nul.

MACHINE D'ARTUR WOOLF

Arthur Woolf appliqua, en 1804, la vapeur à haute pression aux machines à deux cylindres de Hornblower. L'idée de l'emploi de la vapeur à haute pression n'est cependant pas due à Woolf ; Leupold (auteur du *Theatrum Machinarum*) en 1725, frappé de la grande quantité d'eau que nécessitait l'usage des machines à condensation et comprenant parfaitement qu'il n'est pas toujours possible de se la procurer, proposa de renvoyer immédiatement dans l'atmosphère la vapeur qui avait agi dans le cylindre. Sa machine (Fig. 31) se composait de deux cylindres A-B, recevant la vapeur d'un même générateur à l'aide du jeu d'un robinet à quatre voies C. Ce même robinet permettait l'échappement dans l'atmosphère de la vapeur qui avait agi dans les cylindres. Deux tiges de pompes étaient mues par les pistons.

Leupold appliqua également la vapeur à haute pression dans la machine de Savery ; il ne condensait pas la vapeur et la renvoyait directement dans l'atmosphère.

D'un autre côté, Olivier Evans, charron à Philadelphie employa la vapeur dans les machines à une pression de 10 atmosphères.

Il obtint en 1786, de la législature de la Pensylvanie une patente pour des voitures à vapeur semblables à celle que, dix-sept ans auparavant un Français, Cugnot, avait construite et où la vapeur agissait à une pression de 10 atmosphères. La distribution avait lieu à l'aide d'un disque en fer horizontal tournant autour d'un axe vertical et produisait l'ouverture et la fermeture des orifices.

Evans renvoyait bien la vapeur dans l'atmosphère, mais il lui faisait parcourir, avant, un serpentin plongé dans l'eau froide;

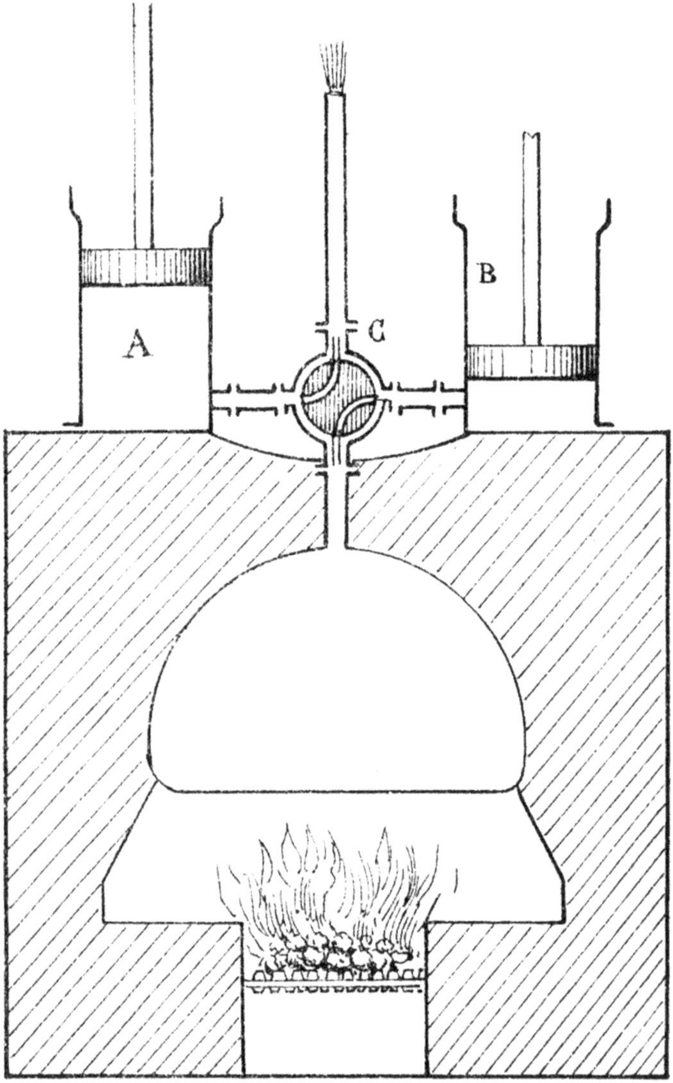

Fig. 31 – Machine d'Artur Woolf.

il employait cette eau de condensation à l'alimentation. Il n'est peut-être pas inutile de noter, en passant, qu'Evans employa le premier la chaudière à tubes (chaudière tubulaire). Les machines d'Evans, d'abord critiquées à cause des dangers de la haute pression, furent reconnues plus tard pour être plus économiques que celles de Watt.

Mais Woolf crut avoir découvert une loi nouvelle d'expansibilité de la vapeur et il obtint à cet effet le brevet qu'il avait sollicité.

Il croyait, (ce qui est une erreur), qu'une vapeur produite, par exemple (nous citons ses expressions) sous une pression de 30 livres par pouce-carré pouvait prendre une expansion égale à 30 fois son volume et conserver une force élastique égale à celle de l'atmosphère. Il dénaturait la loi de l'expansibilité des fluides qui dit que, la température restant constante, le volume est en raison inverse de la pression. Si donc (l'atmosphère correspond à 15 livres par pouce carré) on élève la pression à 45 livres, c'est-à-dire 30 livres au-dessus de la pression atmosphérique, cette vapeur aura une expansion égale à 3 fois son volume et non 30 fois comme le croyait Woolf.

La machine de Woolf (Fig. 32) n'en constitue pas moins, sur celle de Hornblower un progrès évident, celui résultant du double effet ainsi que nous allons le voir. La vapeur venant directement de la chaudière est, en effet, admise successivement de chaque côté du petit piston comme dans les machines à double effet de Watt. Après avoir agi dans ce petit cylindre, cette vapeur est admise dans le grand et successivement de chaque côté du piston.

A cet effet Woolf disposa sa soupape de la façon suivante :

- FF' soupapes d'admission de la vapeur venant des chaudières,
- V Soupape mettant en communication le haut du grand cylindre et le bas du petit.
- V' soupape mettant en communication le bas du grand cylindre et le haut du petit.
- C C' soupapes ouvrant l'échappement dans le condenseur.

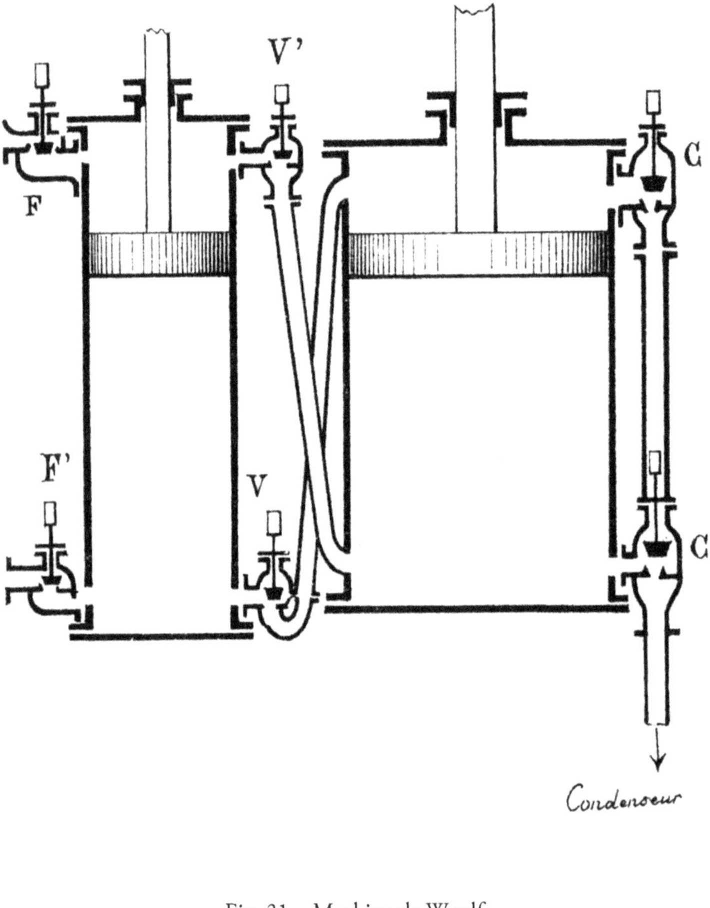

Fig. 31 – Machine de Woolf.

On se rend parfaitement compte, par l'examen de la figure, du fonctionnement de cette machine et du jeu des soupapes.

La force d'expansion de la vapeur avait été utilisée par Watt dans ses machines à un seul cylindre.

Il n'admettait, en effet, la vapeur venant de la chaudière que pendant une fraction de la course du piston la laissant ainsi agir, pendant l'autre fraction de la course en vertu de sa force expansive.

C'est en suivant ces errements que l'on a créé une foule de machines dites à détente que nous étudierons plus tard.

Il est cependant intéressant de noter que dès l'origine de la machine à vapeur on connût et on appliqua la détente. Les belles et puissantes machines dont nos industries sont dotées aujourd'hui ne sont donc dues qu'aux progrès considérables faits par la construction mécanique.

Machine de Cartwright

Le docteur Cartwright obtint en 1797 un brevet pour divers perfectionnements qu'il apporta à cette époque à la machine à vapeur.

L'un des plus importants et qui rend de nos jours de grands services à la marine est relatif à la condensation de la vapeur sans contact avec l'eau employée à cet usage.

Cartwright n'avait point prévu cette importante application, ses vues s'étaient portées vers un autre but que nous allons faire connaître.

Il produisit donc la condensation à l'aide d'un double cylindre A B complètement submergé et dont la partie annulaire MM recevait la vapeur d'échappement (Fig. 33). Cette vapeur circulant entre deux parois constamment refroidies par l'eau du condenseur ne tardait pas à se condenser en totalité.

Ce procédé de condensation, sans contact direct avec l'eau permit à Cartwright une application originale résultant de l'emploi des vapeurs d'esprit de vin. M. Brunel, ingénieur français eut

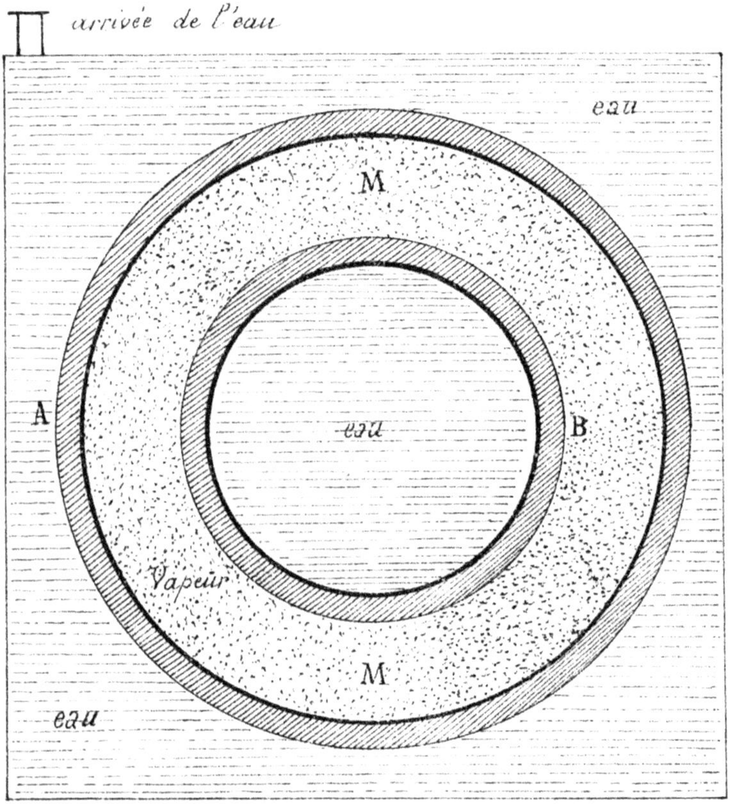

Fig. 33

l'idée d'employer le gaz acide carbonique à la place de la vapeur. Il proposa même cette application à un alambic afin, disait-il, d'économiser complètement le combustible.

On doit également à Cartwright la première application des pistons métalliques. Étant donné, en effet, le principe fondamental de ses recherches il ne pouvait compter rendre complètement étanches ses pistons avec le suif et le chanvre.

Il eut donc l'idée d'assembler, sur deux rangs superposés un certain nombre de segments ($\genfrac{}{}{0pt}{}{a\ a}{b\ b}$) métalliques formant exactement le pourtour intérieur du cylindre et sur deux rangs, en croisant les joints de façon à éviter les fuites (Fig. 34). 4 ressorts *r. r* exerçaient une pression constante sur ces segments assurant ainsi un contact parfait avec le cylindre. Enfin une plaque métallique P solidement boulonnée au corps du piston C assurait cet assemblage. Il est inutile de dire que ce premier type fut le point de départ d'une foule d'autres systèmes que la construction moderne a supplantés.

Nous ne faisons connaître celui de Cartwright que pour bien marquer le premier pas fait dans cette voie.

Bien qu'aucune application de la machine de Cartwright n'ait été faite après que son inventeur l'eut fait connaître, nous retrouvons dans certaines petites pompes fort à la mode en ce moment, un dispositif de distribution absolument semblable à la distribution de Cartwright et si ce dernier eut bien cherché, il eut pu appliquer son idée fort ingénieuse aux machines à double effet.

Sa machine (Fig. 35), dans laquelle il avait supprimé l'excentrique, se composait donc d'un cylindre A dans lequel se mouvait un piston P dans le corps duquel jouait une soupape S. La tige du piston P se prolongeait dans un corps de pompe Q qui n'était autre que la pompe du condenseur.

T était son condenseur sans contact. Pompe et condenseur se trouvaient placés dans une cuve C où l'eau se renouvelait sans cesse.

La tige du piston *t* portait une traverse *k* aux deux extrémités de laquelle étaient articulées deux bielles B B attelées aux manivelles M M. Sur les arbres de ces manivelles étaient calées deux roues

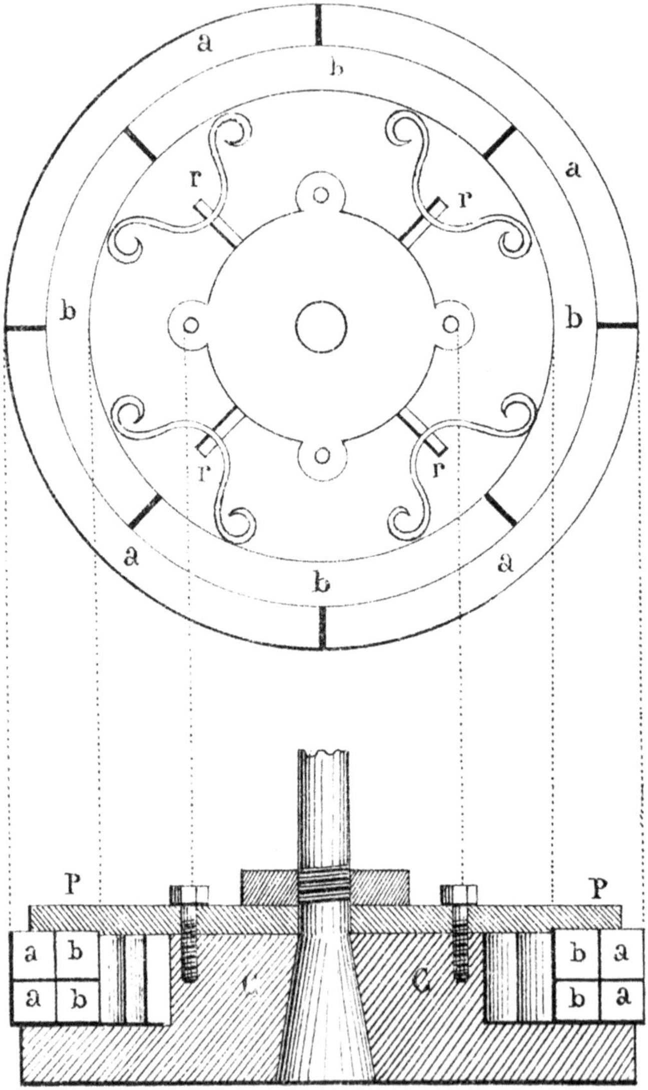

Fig. 34

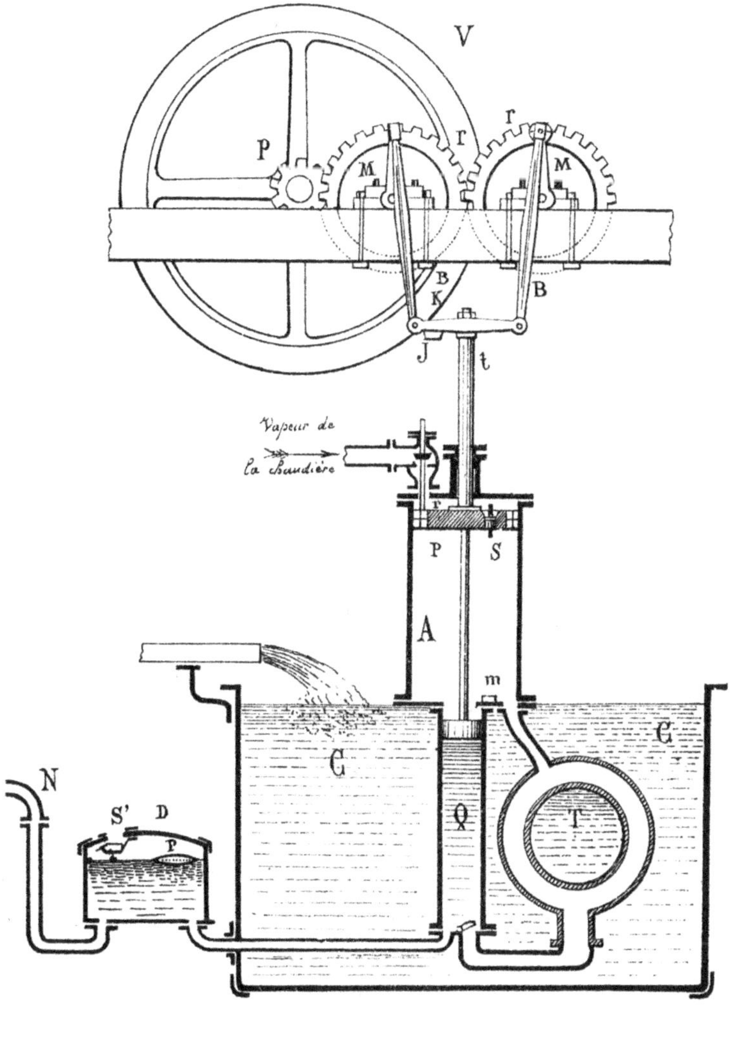

Fig. 35 – Machine de Cartwright.

d'engrenage *r. r.* d'égal diamètre, transmettant au pignon *p* et au volant V le mouvement qu'elles recevaient des manivelles.

Cette machine était, comme on le voit, à simple effet ; la vapeur venant de la chaudière était introduite par la soupape I que le piston ouvrait lorsqu'il arrivait au haut de sa course, en agissant sur la tige *n* ; cette vapeur agissait durant toute la course sur le piston P qui, par suite du choc produit sur la tige de la soupape S sur le point fixe M, offrait par cette soupape S un orifice à travers lequel la vapeur se rendait dans le condenseur. Au même instant la tête de boulon *j* pressait sur la tige de la soupape I qui interceptait le passage à la vapeur de la chaudière. Dans sa descente et sous l'action de la vapeur, le piston P transmettait, par l'intermédiaire des organes que nous avons décrits, une certaine vitesse acquise au volant V qui, en la restituant produisait le soulèvement du piston et ainsi de suite.

Le jeu de la pompe Q du condenseur était fort simple et consistait en une aspiration de l'eau de condensation qu'il refoulait dans un récipient D.

On sent ici que Cartwright a cherché à utiliser, de la façon la plus complète, la chaleur produite dans le foyer de la chaudière, et si ses contemporains n'ont pas su profiter de ses heureuses idées, l'art moderne de la construction s'en est rapidement emparé.

La condensation par contact nécessitant l'entraînement immédiat de l'eau de condensation, il s'ensuit que la plus grande partie de la chaleur est perdue, en admettant même qu'on utilise une partie de cette eau pour l'alimentation. Cartwright l'avait si bien compris qu'il eut l'idée, dans sa première machine, de renvoyer immédiatement dans la chaudière cette eau de condensation dont la température était très voisine de 100°.

A cet effet, la pompe Q la refoulait dans le récipient D qui était muni d'un flotteur F à soupape S' permettant, *d'une manière automatique*, à l'air aspiré en même temps que l'eau par la pompe Q, de se dégager dans l'atmosphère. Comme on le voit, les accessoires de la machine de Cartwright constituaient une série d'innovations et de progrès d'une très grande valeur.

Machine de Manoury d'Escot

Cette machine, basée sur le principe de la pompe de Savery, *avec adjonction de matelas d'air sur le liquide et d'un mouvement automatique de soupapes*, fonctionna avec succès à l'abattoir de Grenelle pour élever l'eau. Elle fut décrite par MM. Prony et Girard dans un rapport inséré dans les annales de Chimie et de Physique (1819.)

MACHINES ROTATIVES

Machine rotative de Cook

Avant de clore ce chapitre nous devons mentionner les premiers essais faits en vue d'obtenir, directement de la vapeur, un mouvement circulaire continu.

Depuis la *machine à feu* d'Amoutons (1699) on s'était peu préoccupé de cette question qui, disons-le sans retard, n'a encore donné aucun résultat bien pratique.

La machine que Cook créa en 1787 fut le point de départ de nouvelles tentatives (Fig. 36).

Cette machine se composait d'une roue métallique A portant un certain nombre de plaques *a a* mobiles autour d'une charnière et exactement ajustées dans la jante de la roue.

Ces plaques venaient prendre successivement, en vertu de la gravité, une position normale à la tangente et s'opposaient à l'écoulement de la vapeur.

C'est en s'opposant à cet écoulement que les plaques communiquaient à la roue sur laquelle elles étaient montées en mouvement de rotation continu. La vapeur était, à sa sortie, reçue dans un condenseur.

Il est inutile d'insister sur les nombreux défauts de cette machine.

Elle consacre néanmoins un principe qui n'est peut-être pas complètement épuisé.

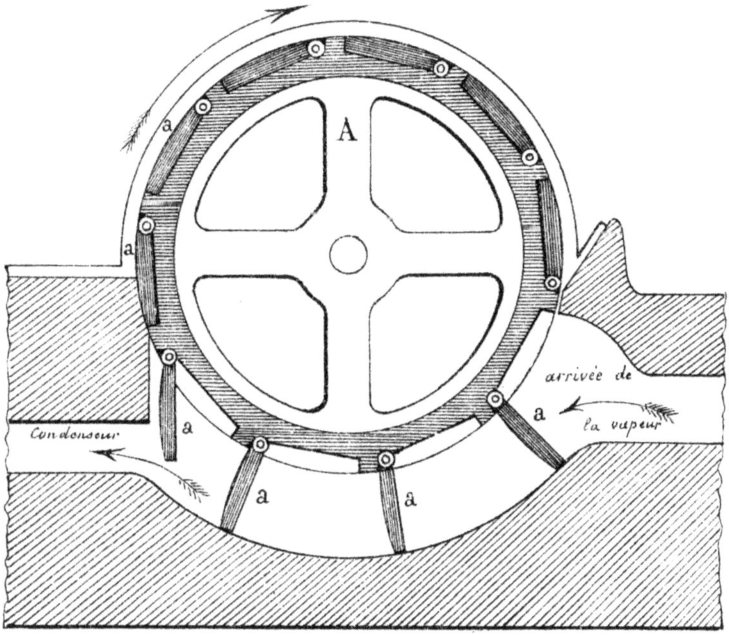

Fig. 36 – Machine rotative de Cook.

Après la machine de Cook sont venues, successivement, celles de Moore, Job Rider (1820) ; Thomas Masterman (1820) d'une construction absolument défectueuse. Seule, la machine rotative de Stiles employée, en Amérique, pour faire mouvoir un navire, a attiré l'attention des constructeurs.

VOITURES A VAPEUR

Nous avons déjà fait connaître la première application des machines à vapeur à la locomotion sur routes. Cette application due au Français Cugnot (1769) et, après lui, à l'Américain Olivier Evans (1786) fut l'objet de plusieurs brevets et patentes.

Robison avait, le premier, fait connaître le moyen d'appliquer aux voitures le moteur à vapeur.

Les premières voitures à vapeur qui ont été sérieusement essayées sont dues à Vivian et Trevithick. Ces voitures furent essayées à Methyr Tydvil, dans le pays de Galles. La distribution avait lieu à l'aide d'un robinet à 4 voies et la vapeur était renvoyée directement dans l'atmosphère. La nécessité dans laquelle se trouvaient les constructeurs de ménager l'espace occupé les conduisit à deux innovations qui ont, depuis, reçu d'importantes et nombreuses applications. Le cylindre et le foyer étaient dans la chaudière. Nous trouvons donc là la première application de la chaudière à foyer intérieur.

Les machines de Trevithick appliquées à l'industrie, en général, contribuèrent au développement des mines d'argent de Lima où elles furent importées de 1812 à 1816.

BATEAUX À VAPEUR

Le marquis de Jouffroy

La première application de la machine à vapeur à la navigation est due à un Français.

En 1781, M. le marquis de Jouffroy fit quelques expériences, à Lyon sur le Rhône et la Saône.

Miller & Dalwinston

Après M. le marquis de Jouffroy, MM. Miller et Dalwinston firent, près Edinbourg des essais de navigation à vapeur (1787 à 1789). Ils avaient placé la roue à aube au centre du bateau.

Fitche & Rumsey Levingston

En Amérique, MM. Fitche et Rumsey firent des essais en 1790. Après eux, Levingston obtint un brevet. Les essais n'ayant pas absolument réussi, il fut nommé ambassadeur en France où il vit Fulton qui faisait des essais à l'*Ile des Cygnes* et qui avait vainement proposé de créer des bateaux pour opérer une descente en Angleterre. Levingston lui conseilla d'aller en Amérique et, à eux deux, ils construisirent le premier bateau vraiment capable de naviguer.

En 1807, leur bateau fit le voyage de New-York à Albany (cent vingt milles de distance parcourus en 30 heures).

En Angleterre, les premiers essais de navigation à vapeur sérieux furent faits vers 1811 sur la *Clyde*. Un service de voyageurs fut établi entre Glascow et Greenock.

Ainsi qu'on a pu en juger, la machine à vapeur était encore dans l'enfance au commencement de ce siècle. Que de progrès depuis ont été réalisés !

Mais ces progrès appartiennent plutôt au domaine de la construction proprement dite, car toutes les questions se rattachant à la constitution proprement dite de la machine à vapeur en général ; l'emploi de la vapeur à haute pression, la détente, la condensation, etc. avaient avant ce siècle, été étudiées et bon nombre d'heureuses solutions étaient intervenues.

Les Anglais, beaucoup plus pratiques que nous, tirèrent les plus grands avantages des diverses applications de la vapeur à l'industrie, à la navigation, etc.

C'est presque exclusivement par eux que furent construites les premières machines importées dans notre pays.

En 1815, H. Edwards construisit à Chaillot des machines Woolf ; il les modifia même assez sérieusement pour obtenir un brevet de 15 ans.

Quelques années après, deux constructeurs Anglais établis à Paris, MM. Aitken et Steel construisirent des machines du type Woolf auxquelles ils ajoutèrent un foyer fumivore et un troisième cylindre.

A peu près à la même époque, deux constructeurs Français Cordier et Casalis construisirent des machines à haute pression et à simple effet auxquelles ils avaient appliqué la détente.

C'est à partir de cette époque que se généralisa en France l'art de la construction ; de tous côtés se créèrent des ateliers de construction.

Cette nouvelle et puissante impulsion ne fit pas attendre longtemps ses effets.

Machine horizontale Mandslay

Vers 1825 Mandslay eut l'idée de supprimer le balancier. A cet effet, il attela directement la bielle à l'extrémité de la tige du piston guidée par deux glissières. Il disposa le cylindre horizontalement consacrant ainsi le principe de la machine horizontale infiniment moins coûteuse que la machine à balancier et considérablement plus simple (Fig. 37).

Machines oscillantes Manby

Il est bon de remarquer que le premier essai de machine à cylindre oscillant remonte à 1817. Le constructeur Manby obtint à cette époque un brevet d'invention pour une application spéciale de ce dispositif aux navires à vapeur.

Les cylindres oscillaient autour d'un axe fixé au milieu de leur hauteur.

En 1836 M. Farcot modifia ce dispositif en faisant osciller le cylindre par la partie inférieure, l'axe était fixé au bas du cylindre.

C'est à cette époque (1836-1840) que furent faits les premiers essais, tant en France qu'en Angleterre, de machines à tige oscillante. M. Legendre, ingénieur français attacha son nom à ces nouvelles machines qui ne purent, malgré leur simplicité apparente, soutenir l'écrasante supériorité de la machine fixe horizontale.

Il serait oiseux d'entrer plus profondément dans l'étude des types divers qui furent créés à cette époque dans les ateliers de construction.

Chaque constructeur apporta de nouvelles modifications aux types connus pour s'attribuer un monopole.

C'est ainsi que, redressée dans son ensemble, la *machine horizontale* devint *machine verticale.*

Dans ce dernier dispositif on a placé le cylindre tantôt à la partie inférieure tantôt à la partie supérieure du bâti. Dans ce dernier cas la machine verticale a pris le nom de *machine à pilon.*

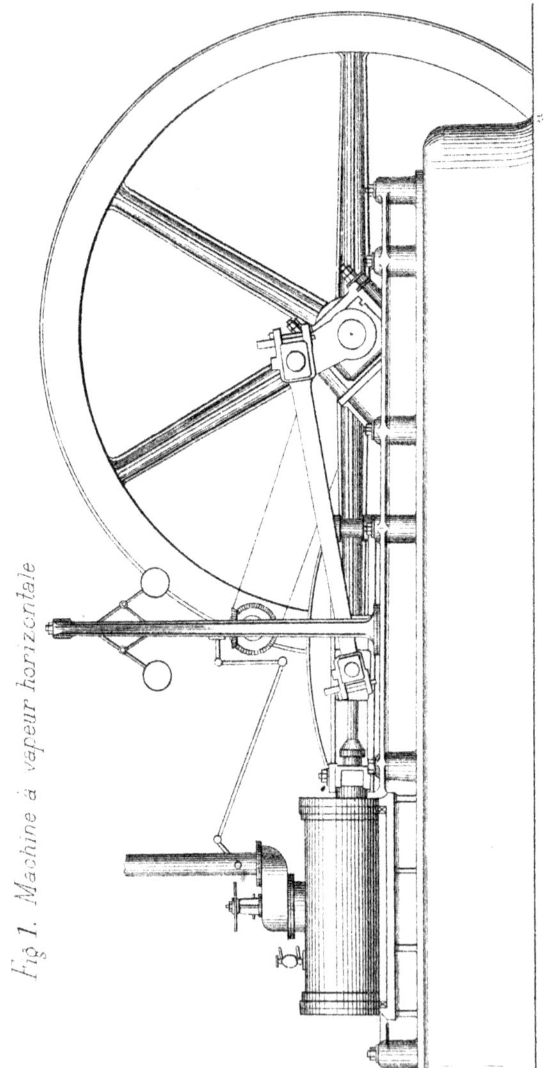

Fig. 37 – Machine horizontale Mandslay

Enfin plusieurs constructeurs eurent l'idée de construire des machines composées d'un générateur et d'un moteur ne formant qu'un seul et même groupe. Ce fut la *machine demi-fixe.*

M. Rouffet, constructeur à Paris, en présenta une à l'exposition de 1839. De là à la locomobile il n'y avait qu'un pas ; le principe de ces machines n'était cependant pas nouveau ; les voitures à vapeur d'Olivier Evaus, de Vivian et Trevithick réalisaient cette combinaison qui a cependant dû être considérablement perfectionnée pour devenir la locomobile de nos jours si répandue dans l'industrie et dans l'agriculture.

Les machines demi-fixes appartiennent, à quelques variantes près, à l'un des deux types originels suivants :

1° Celui à chaudière verticale.
2° Celui à chaudière horizontale.

La construction des locomobiles, en France, remonte à l'année 1852. M. Calla, constructeur à Paris, créa un atelier spécial où on ne construisait que des locomobiles. Il fut suivi, dans cette voie, par tous les constructeurs Français qui comprirent bien vite tout le parti que l'on pouvait tirer de ces machines, montées sur essieux, et pouvant être facilement transportées.

Toutes les locomobiles se composent d'une chaudière tubulaire à foyer intérieur sur laquelle est fixée la machine à vapeur, le tout est monté sur deux essieux armés de roues. Bien qu'il soit impossible de faire connaître tous les types existants, on peut les ramener tous aux deux dispositifs suivants

- Les locomobiles à foyer vertical,
- Les locomobiles à foyer horizontal.

Machines Compound

Ainsi que nous l'avons vu précédemment, l'idée d'utiliser la force expansive de la vapeur qui a agi dans le cylindre est due à Hornblower (1781). La machine de Hornblower était à simple effet. Woolf quelques années après (1804) construisit une machine du type Hornblower *mais à double effet.* C'est sur le type de cette dernière machine que tous les progrès de la construction se sont portés depuis environ 40 ans. Après avoir construit des machines à cylindres verticaux absolument semblables à celles de Woolf, on s'attacha à diminuer les espaces nuisibles qui constituaient le défaut capital de cette première machine. M. Mazeline constructeur au Havre avait imaginé une distribution à tiroir unique pour les deux cylindres. A l'exposition de 1855 (Paris) M. Lecouteux présenta une machine à distribution universelle permettant l'admission (ou la suppression à volonté) de la vapeur dans l'un ou l'autre des deux cylindres avec ou sans détente.

A cette même exposition figurait une machine du type Hornblower à *double effet* et dont les cylindres étaient horizontaux.

Cette machine sortait des ateliers de M. Farinaux, constructeur à Lille. Il est vrai de dire qu'une application semblable avait été faite chez M. Bonnet dans les Ardennes, en 1849.

On a imaginé, à la même époque, de placer les deux cylindres verticalement l'un au-dessus de l'autre (système Tandem). Dans la machine verticale de M. Alexander, le grand cylindre était posé sur le petit et la distribution avait lieu a l'aide d'un tiroir unique.

Dans la machine de M. Scribe le petit cylindre était sur le grand, chaque cylindre possédait un tiroir de distribution.

Machines Corliss

Un ingénieur Américain G. Corliss fit en 1848 une heureuse application de la distribution de Samuel Seaward. Comme son prédécesseur, il adapta à ses cylindres quatre tiroirs produisant : deux l'admission et les deux autres l'échappement.

Il put, ainsi que l'avait fait bien avant lui Samuel Seaward, diminuer considérablement les espaces nuisibles.

Quelques années après il remplaça les 4 tiroirs plans par des tiroirs cylindriques. Enfin il eut l'idée de placer les distributeurs sur les couvercles mêmes du cylindre.

Machines Sulzer

MM. Sulzer frères ont construit de belles machines à quatre distributeurs à soupapes. Comme on le voit, ils ont repris purement et simplement la fameuse machine de Watt quant au mode de distribution.

Le mouvement des soupapes était produit par un déclic analogue à celui dont Corliss s'était déjà servi pour accélérer le mouvement de ses tiroirs. Les soupapes du type de celles de Hornblower étaient équilibrées. Ils ont exposé pour la première fois, en 1867, à Paris, une de ces machines.

Machines Zimmerman

M. Zimmerman (Marchiennes-au-Pont, Belgique) a imaginé un système de déclic fort simple commandé par un seul excentrique qui a permis d'appliquer plus facilement la détente aux machines à changement de marche.

Mais, nous devons le répéter, toutes ces machines ne sont vraiment remarquables que par la perfection de leurs organes.

DISTRIBUTION PAR TIROIR

La vapeur se distribue alternativement, dans les cylindres, de chaque côté du piston, à l'aide d'une pièce en fonte ou en bronze T (le plus généralement en fonte) nommée tiroir.

Ce tiroir, animé d'un mouvement de va-et-vient, découvre successivement chacun des orifices A B. Sa forme creuse permet, pendant que l'un des orifices A est couvert, d'établir une communication directe entre cet orifice et celui d'échappement C. Le phénomène inverse se produit lorsque le tiroir, découvrant l'orifice A vient couvrir l'orifice B. Ce dernier est alors mis en communication avec l'orifice d'échappement.

Si l'on remarque que ce tiroir se meut dans une enveloppe D D, dans laquelle pénètre librement la vapeur venant de la chaudière, on constatera que, pendant que la vapeur contenue dans le cylindre du côté I du piston s'échappe, celle venant de la chaudière pénètre dans le cylindre du côté E du même piston.

La vapeur agissant ainsi successivement sur l'une ou l'autre face du piston produit son mouvement de va-et-vient .

La vapeur qui s'échappe par l'orifice C se rend dans l'atmosphère ou, quand la machine en est munie, dans le condenseur.

TIROIR NORMAL

Dans les premières machines on donnait au tiroir une longueur *a a'* exactement égale à l'écartement extrême *b b'* des

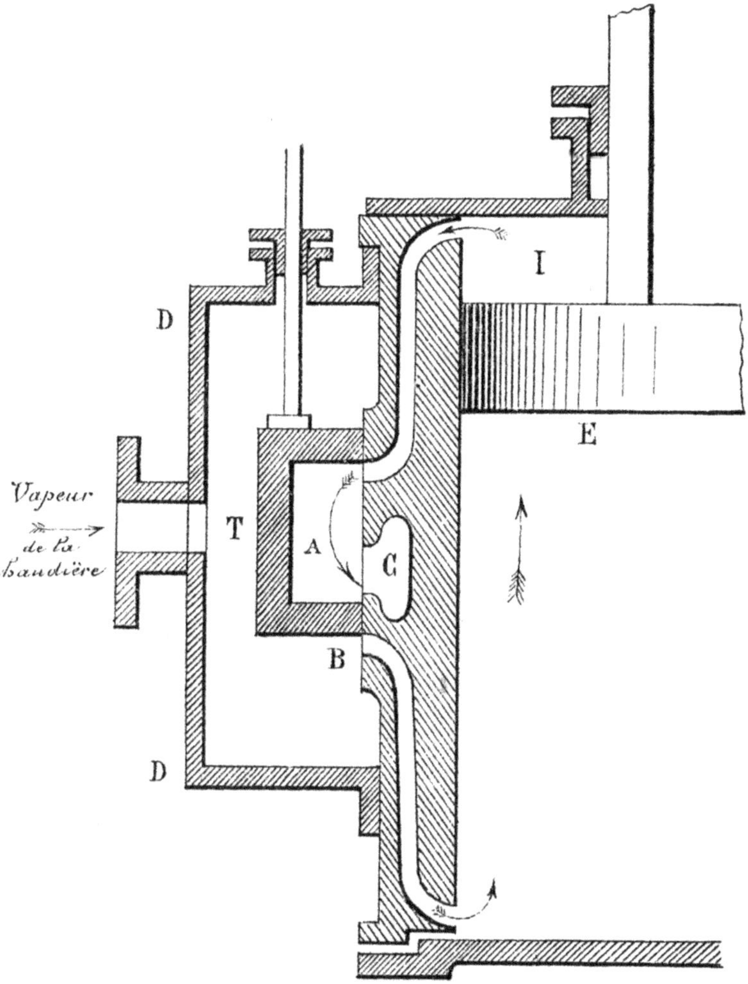

Fig. 38 – Distribution par tiroir.

orifices d'introduction (lumières). Les bandes *ac – c'a'* avaient une épaisseur absolument égale à la largeur *b d b' d'* des orifices d'introduction.

Ainsi que la figure 39 l'indique, ce tiroir commençait à découvrir un orifice d'introduction pendant qu'il permettait à la vapeur contenue dans le cylindre, et qui arrivait par l'autre orifice, de s'échapper par le creux du tiroir ; l'ouverture de ces deux orifices se faisait en même temps et également. Le premier orifice *b d* s'ouvrant dans la boîte à tiroir, le second *d' b'* s'ouvrait dans le creux même du tiroir et réciproquement.

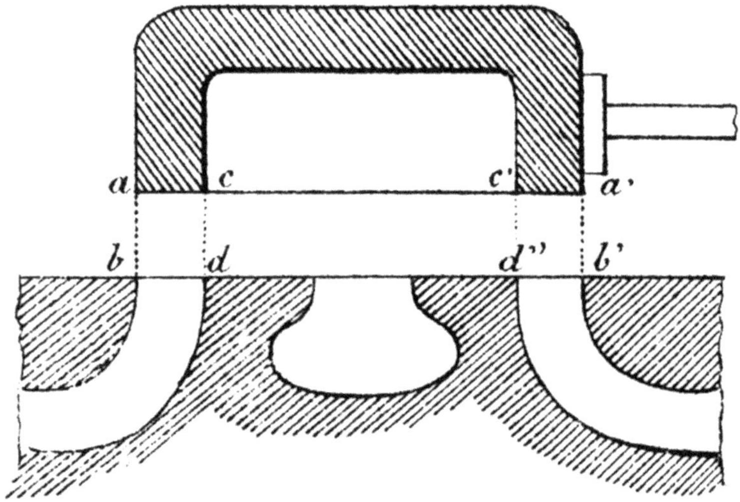

Fig. 39

Les déplacements successifs de ce tiroir, déplacements, dont l'amplitude était exactement égale à la largeur des orifices, étaient produits par le mouvement d'un excentrique calé sur l'arbre à 90° par rapport à l'axe de la manivelle. Le rayon d'excentricité *r* était donc égal à la largeur *bd* des dits orifices. Dans ces conditions, le piston et le tiroir occupaient les positions successives indiquées dans les figures suivantes (la machine est supposée horizontale, Fig. 40).

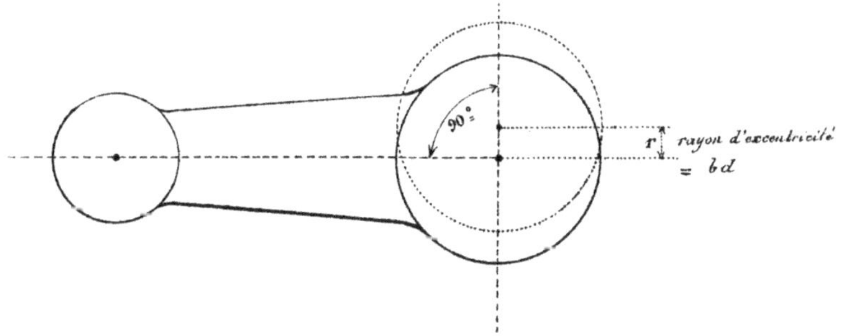

Fig. 40.

1. Le piston est au fond de sa course — le tiroir commence à découvrir l'orifice *a*, il a parcouru la moitié de sa course, la manivelle est horizontale, le centre O de l'excentrique est sur la verticale (à 90° par rapport à la manivelle – Fig. 41).
2. Le piston a parcouru la moitié de sa course, le tiroir a terminé son évolution à droite, il est sur le point de retourner à gauche – (Fig. 42).
3. Le piston a terminé sa course à droite, il est sur le point de revenir à gauche. Le tiroir suivant son mouvement vers la gauche va commencer à découvrir l'orifice *b*. L'orifice *a* va se découvrir, dans *le creux du tiroir* et la vapeur qui est dans le cylindre en E va s'échapper par l'orifice d'échappement C. La vapeur de la chaudière va pénétrer du côté I du piston. La manivelle est horizontale et dans une position symétrique à celle qu'elle occupait lorsque le piston était à gauche et à l'extrémité de sa course. Le centre O de l'excentrique est sur la verticale au-dessous de l'axe de la manivelle – (Fig. 43).
4. Le piston a parcouru la moitié de sa course de *droite à gauche* – (Fig. 44). Le tiroir va revenir vers la droite *diminuant progressivement* l'admission de la vapeur par l'orifice *b* jusqu'à complète fermeture, revenant ainsi à la position de la figure 1.– (Fig. 41).

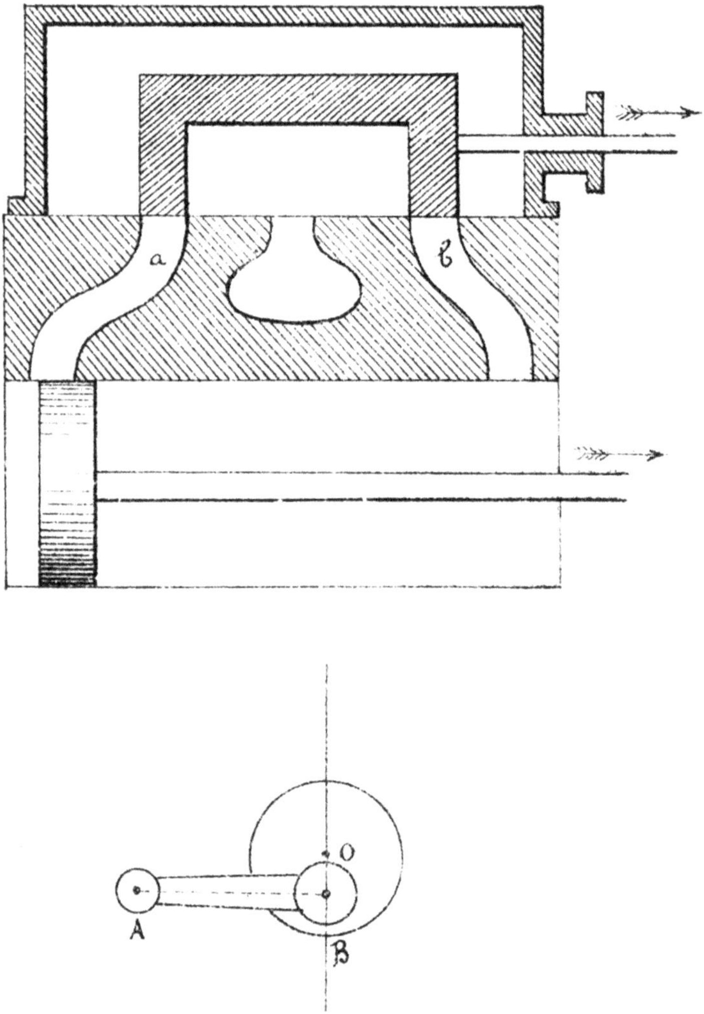

Fig. 41.

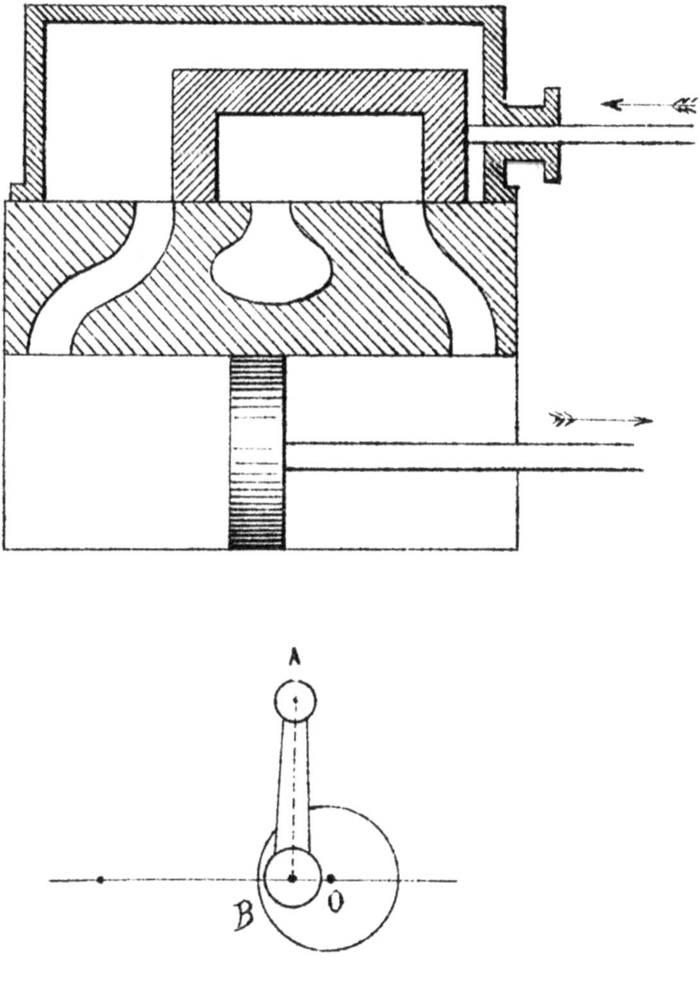

Fig. 42.

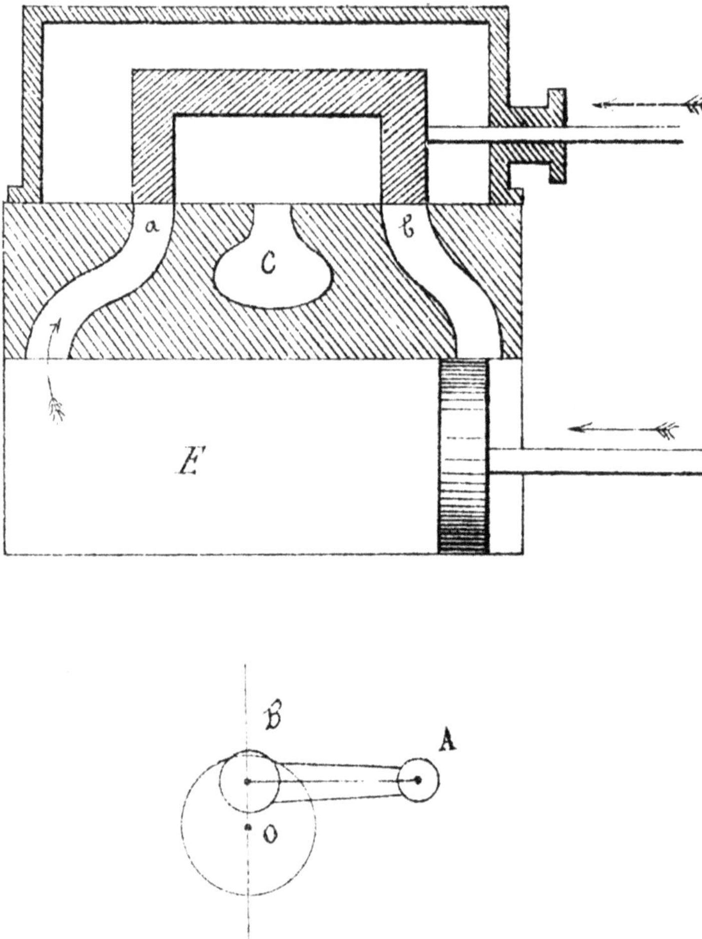

Fig. 43.

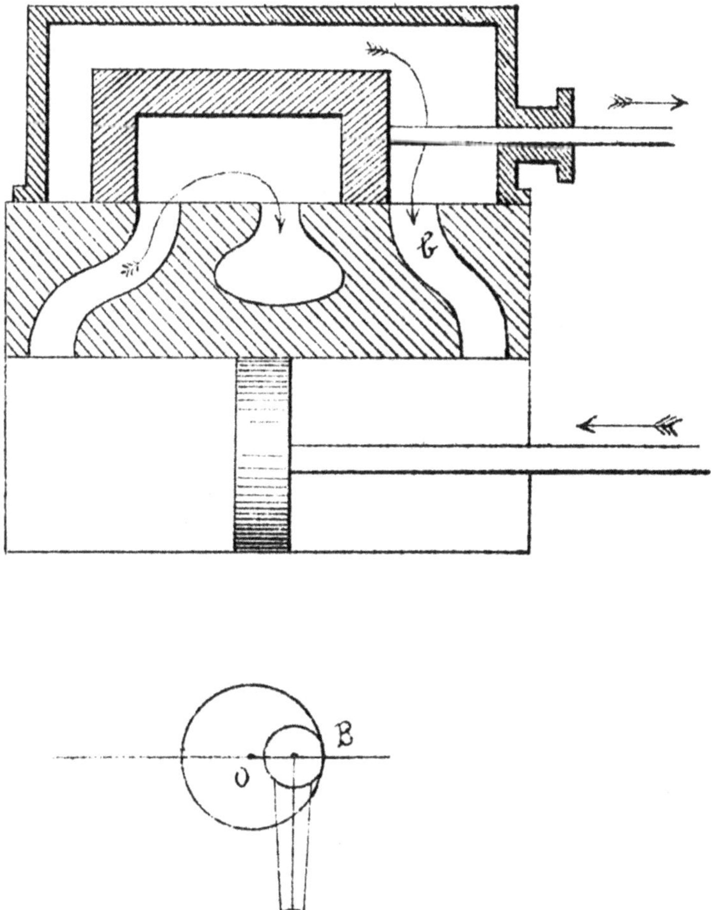

Fig. 44.

La manivelle est dans une position verticale, le centre de l'excentrique est sur l'horizontale.

Ainsi qu'on vient de le voir, l'introduction de la vapeur dans le cylindre subissait des rétrécissements dûs au mouvement continu du tiroir. On a modifié ce dispositif par l'emploi de l'excentrique triangulaire qui communique au tiroir un mouvement intermittent.

Étude des périodes de la distribution par excentrique triangulaire

L'excentrique triangulaire, comme l'excentrique circulaire, est calé à 90° par rapport à l'axe de la manivelle ; il est construit de façon que la distance de chacun de ses sommets à l'arc opposé représente exactement la largeur des orifices d'admission.

La distribution se produit ainsi que l'indiquent les figures 45, 46, 47, 48.

- (Fig. 45) – Le tiroir va découvrir l'orifice *a*, cette opération sera terminée lorsque le bouton de la manivelle aura décrit un arc de 60° (dans l'excentrique circulaire c'est 90° qu'il faut que le bouton de la manivelle décrive). L'introduction de la vapeur se produira progressivement pendant cette période jusqu'à complet orifice. A l'origine de ce mouvement la manivelle est dans une position horizontale. L'excentrique circulaire a son milieu O sur la verticale.
- (Fig. 46) – La manivelle étant dans la position indiquée par cette figure, faisant un angle de 60° avec l'horizontale, l'excentrique présente, au contact du châssis M M, sur sommet S, la partie circulaire B S de son pourtour ayant son centre en O le châssis restera immobile jusqu'au moment où le point B arrivera au contact *c – a – d* après que le bouton de la manivelle aura parcouru un arc de 60°.
  L'orifice *a* restera donc complètement découvert durant ce temps, celui *b* offrant libre passage à la vapeur qui se rend dans l'orifice d'échappement.

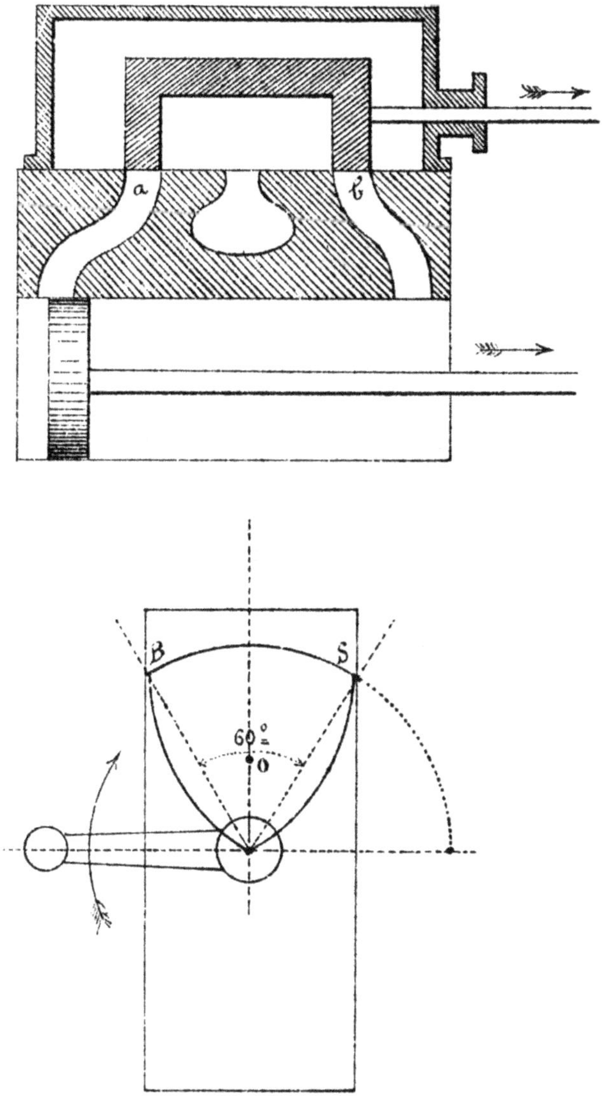

Fig. 45.

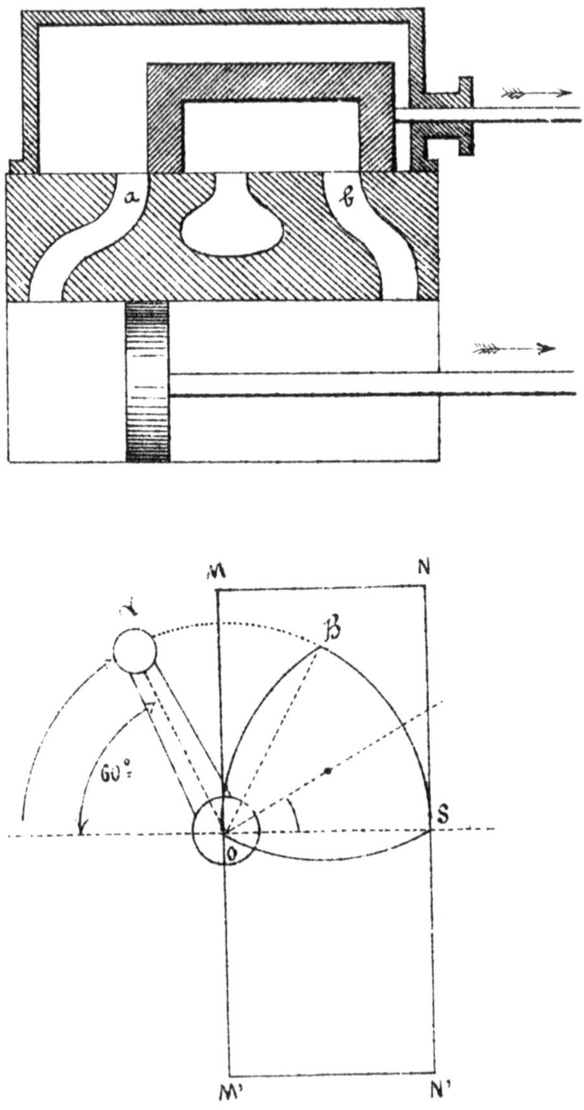

Fig. 46.

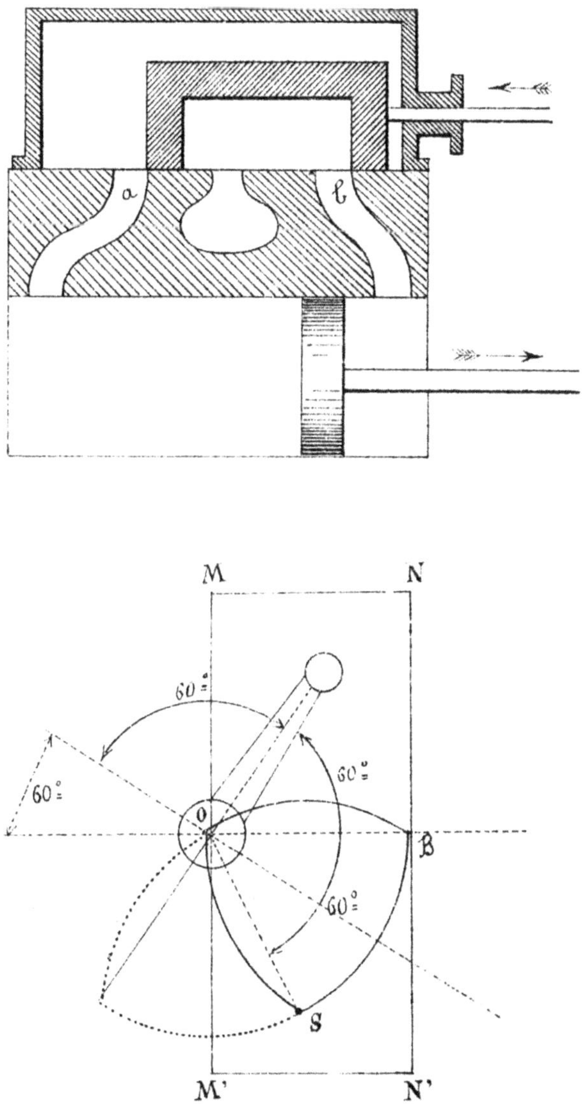

Fig. 47.

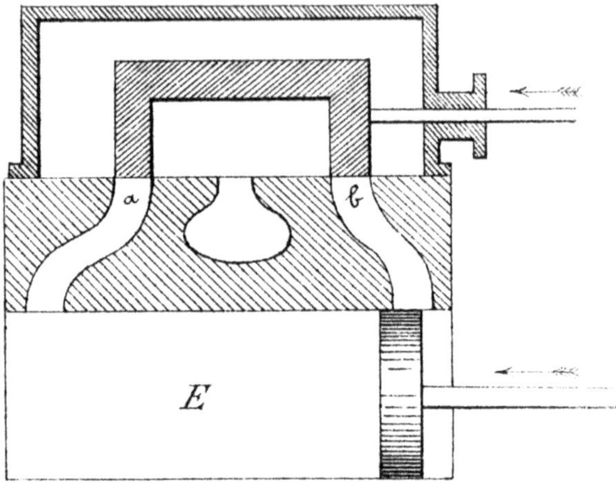

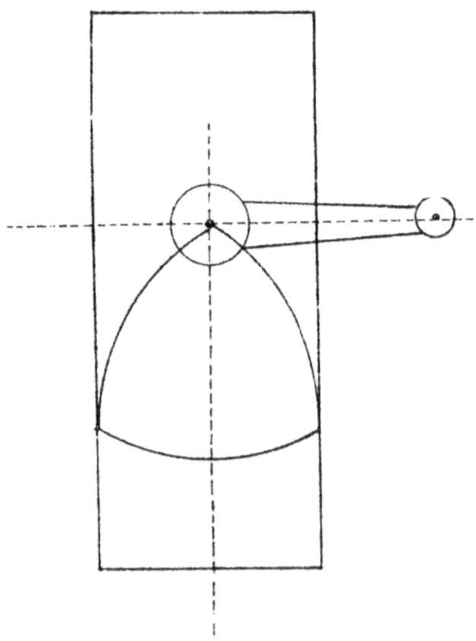

Fig. 48.

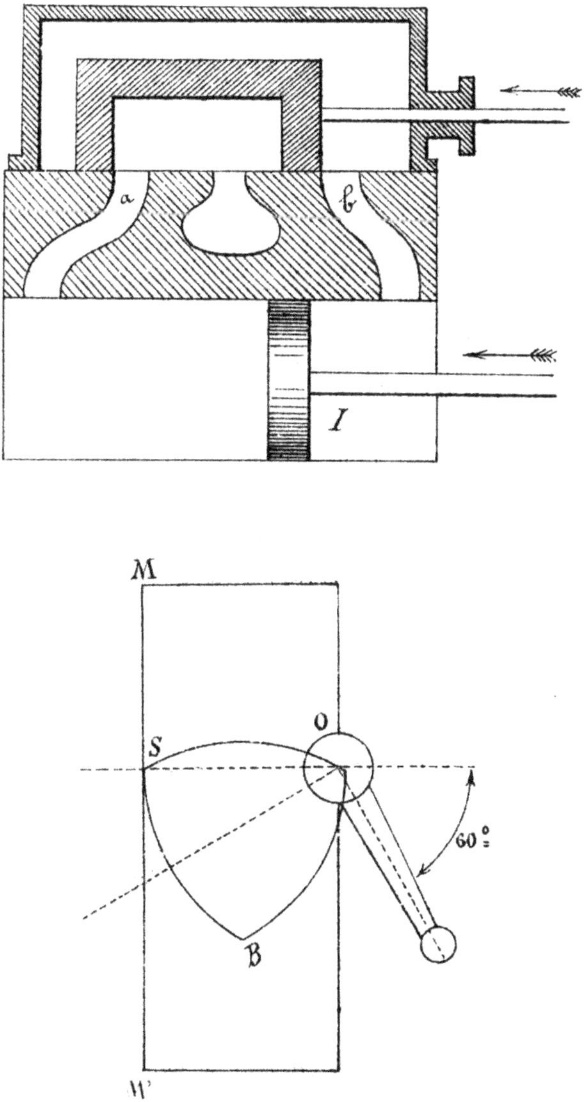

Fig. 49.

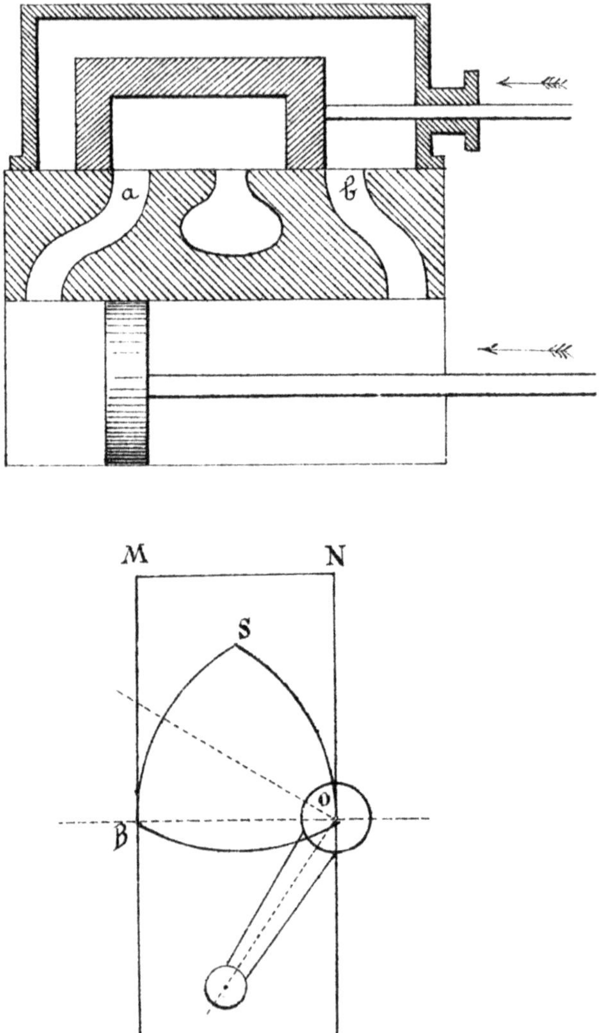

Fig. 50.

- (Fig. 47) – L'excentrique, à la fin de ce mouvement, présentera au contact de la branche M M' du châssis sa face O S. Ce châssis sera donc repoussé de droite à gauche et, après une nouvelle révolution de 60° l'excentrique se trouvera dans la position de la fig. 48.
- (Fig. 48) – Le piston est au bout de sa course (côté droit). Le tiroir couvre les deux orifices et est sur le point de découvrir celui *b* par lequel la vapeur va pénétrer du côté I du piston. L'orifice *a* va être découvert dans le creux du tiroir et permettra l'échappement de la vapeur précédemment admise du côté E du piston.
- (Fig. 49) – Une nouvelle révolution partielle de 60° a eu lieu. L'excentrique présente au contact de la branche M M' du châssis son sommet S. Le tiroir a donc parcouru toute sa course vers la gauche. Il a découvert complètement et durant cette révolution de 60° l'orifice *b* par lequel la vapeur arrive sur le côté I du piston. L'orifice *a* permet l'échappement à plein orifice.
  A partir de ce moment, l'excentrique présentant au contact de la branche M M' du châssis la partie de son pourtour qui a son centre en O, il y aura durant la prochaine période de révolution partielle de 60° un simple contact sans entraînement. Le tiroir restera donc dans la position qu'il occupe.
- (Fig. 50) – L'excentrique est sur le point de présenter au contact de la branche N N' son sommet O. Durant la révolution partielle qui va se produire le châssis va être repoussé de gauche à droite. Le tiroir qui, durant la révolution partielle de 60° qui vient de se produire n'a pas changé de place, laissant complètement ouverts les orifices, celui *b* à l'introduction de la vapeur, celui *a* à l'échappement, va commencer une nouvelle course vers la droite. Les divers organes de la distribution se trouveront, après la nouvelle révolution partielle de 60° qui va se produire, dans les positions respectives représentées fig. 45.

Au point de vue de la distribution en elle-même, l'excentrique triangulaire offrirait, sur l'excentrique circulaire, des avantages que la précédente étude a fait suffisamment ressortir. Dans la pratique il n'en est pas ainsi. L'excentrique produit, par son mouvement dans le châssis, des chocs qui ont rendu absolument inapplicable cet organe dans les machines donnant plus de dix coups de piston par minute. On ne rencontre cette distribution, que dans quelques rares machines de Woolff.

Il est bon de remarquer que, si l'on considérait la bielle comme ayant une longueur infinie, la distance 1-2 représentait exactement la moitié de la course du piston ; or, c'est au point *r* que la manivelle se prête le mieux à l'impulsion qu'elle reçoit du piston et cette position avantageuse correspond précisément au maximum d'effort dû à l'action de la vapeur sur le piston puisque, pendant que la manivelle se déplace de 1 à 2, le tiroir découvre complètement l'orifice d'introduction (côté gauche). Il en est de même pour la position symétrique de la manivelle au-dessous de l'horizontale – Fig. 51.

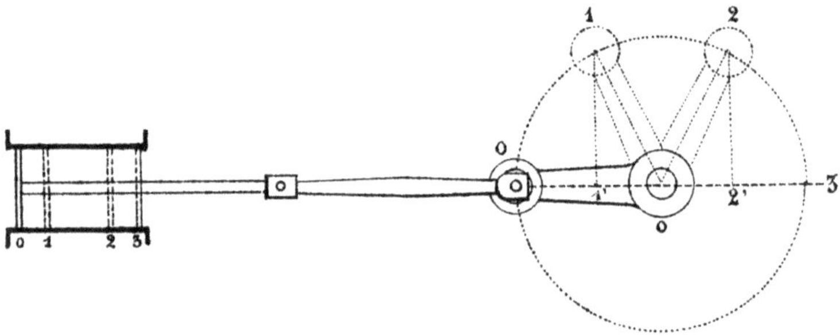

Fig. 51

Avance à l'introduction
(Tiroir normal)

Le fonctionnement du tiroir normal, tel que nous venons de le décrire présente une lacune ; l'expérience a, en effet, montré qu'après un certain service, l'usure des divers organes faisait que lorsque le piston était à la fin de sa course et sur le point de commencer une nouvelle évolution, le tiroir ne découvrait pas l'orifice d'introduction correspondant. On a comblé cette lacune en donnant de l'*avance à l'introduction* – Fig. 52.

L'avance à l'introduction entraîne forcément une avance à l'échappement avec le tiroir normal.

Pour obtenir cette avance à l'introduction il suffit d'augmenter l'angle de calage de l'excentrique qui, dans le cas précédent, est de 90°. Le nouvel angle de calage sera donc de 90°+ α.

L'angle α est déterminé de la façon suivante :

A O étant l'axe de la manivelle, O C le rayon d'excentricité *l* égal à la largeur des orifices *a b*, α représentant l'accroissement de l'angle de calage dû à l'avance que l'on désire obtenir, nous avons (en supposant infinies les longueurs des bielles)

$$\text{Sin}\,\alpha = cd\,/\,co = c'o\,/\,co = i\,/\,l$$

Si donc on se donne l'avance à l'introduction on trouvera aisément l'angle sous lequel l'excentrique doit être calé pour que cette avance se produise exactement. La même avance aura lieu lorsque le piston sera à l'autre extrémité de sa course. La manivelle sera en O A" et l'excentrique en O C". Dans ce cas l'avance à l'échappement est absolument égale à l'avance à l'introduction.

L'expérience a prouvé qu'il était nécessaire de donner une plus grande avance à l'échappement qu'à l'introduction. Il est, en effet, indispensable pour assurer un fonctionnement régulier à toute machine qu'il n'existe que peu ou pas de contre-pression. Nous disons peu parce que dans l'emploi de la détente on ne peut éviter cette contre-pression. Or, le seul moyen d'atténuer ou d'éviter cette contre-pression consiste à donner à l'échappement une plus grande avance que celle donnée à l'introduction.

Si l'avance à l'introduction a pour but d'assurer l'ouverture de l'orifice d'introduction lorsque le piston est à l'extrémité de sa course il faut, pour éviter toute contre-pression, assurer une ouverture anticipée à l'échappement.

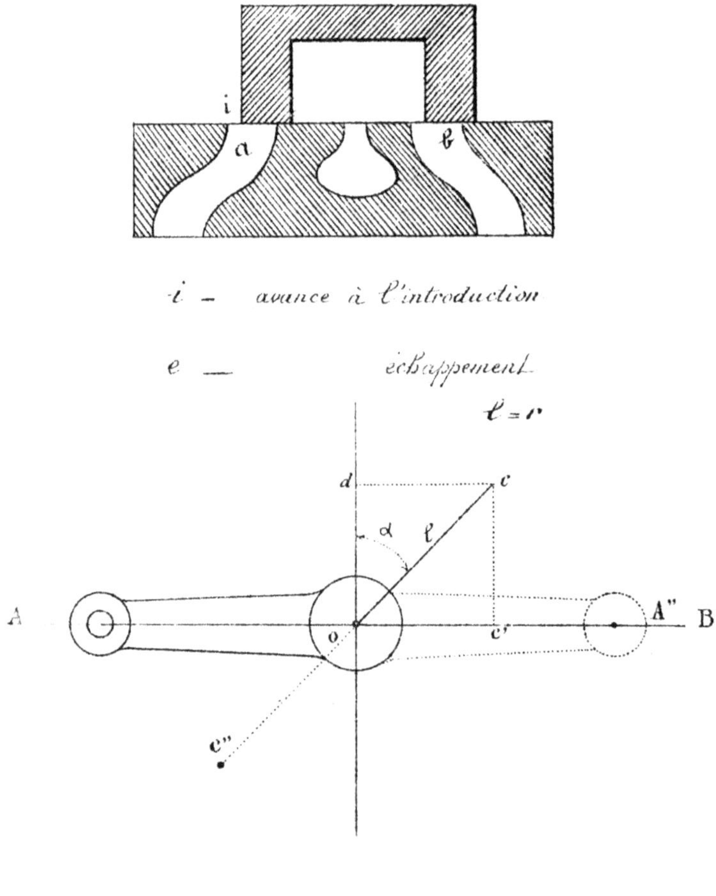

Fig. 52

Recouvrement extérieur
Tiroir Clapeyron

Comme il était impossible avec le tiroir normal d'obtenir cette inégalité dans les avances à l'introduction et à l'échappement on a été amené à élargir la paroi extérieure du tiroir normal. On a ainsi réalisé le type du tiroir à recouvrement extérieur (Fig. 53)

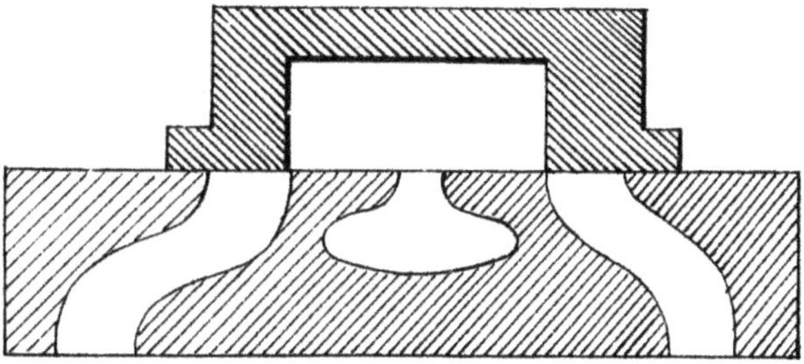

Fig. 53

Remarquons que le recouvrement extérieur entraîne forcément la fermeture de l'orifice avant que le piston soit arrivé à l'extrémité de sa course. Le piston est alors sollicité à terminer sa course par la force d'expansion de la vapeur. C'est ce qu'on appelle la détente.

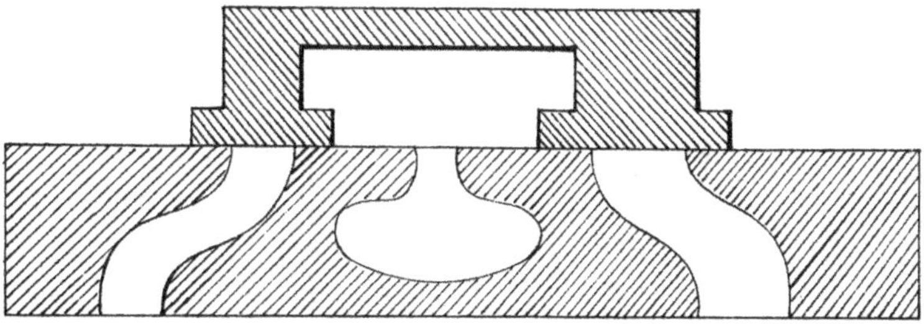

Fig. 54

L'économie résultant de l'emploi du recouvrement extérieur en a fait exagérer la quantité, ce qui entraînait une avance à l'échappement beaucoup trop considérable. Pour remédier à cet inconvénient on a élargi la paroi intérieure du tiroir et l'on est ainsi arrivé au tiroir à recouvrement extérieur et intérieur (tiroir Clapeyron – Fig. 54).

Le recouvrement intérieur a pour conséquence, en opérant plus tôt la fermeture de l'orifice d'échappement, la production d'une contre-pression qu'il est bon de ne pas exagérer.

S'il est nécessaire d'avoir de la contre-pression dans une machine à grande vitesse on doit absolument l'éviter dans les machines à faible vitesse.

On doit considérer comme machine à grande vitesse toute machine où le piston a une vitesse égale où supérieure à 0,80 cm par seconde.

Avant d'entrer dans une étude plus approfondie des diverses phases de la distribution il est nécessaire de faire ressortir le rôle de la contre-pression.

Tout d'abord nous pouvons poser ce principe essentiel :

> « La contre-pression, et par là le recouvrement intérieur, doit être en raison inverse du degré de détente.»

Dans une machine à faible détente, la pression, à la fin de la course du piston, a une tension voisine de celle de la vapeur fournie par la chaudière.

Dans une machine à grande détente, au contraire, la pression de la vapeur, à la fin de la course du piston, n'est qu'une fraction de celle de la vapeur fournie par la chaudière ; or, comme il est essentiel que la contre-pression d'un côté du piston soit toujours inférieure à la pression de la vapeur qui agit de l'autre côté, il s'ensuit que cette contre-pression pourra être d'autant plus grande que le degré de détente sera plus petit.

Il faut également tenir compte dans l'analyse du phénomène de la contre-pression, de la nature de l'échappement. Si l'échappement a lieu à l'air libre, la tension de la vapeur, après l'ouverture de l'orifice d'échappement n'est guère que 1,5 atmosphère. Si l'échappement se fait dans un condenseur à vide cette tension s'abaisse à 1/5e d'atmosphère et jusqu'à la fermeture du dit orifice d'échappement, la contre-pression ne commençant qu'au moment précis où l'échappement est interrompu.

Dans les machines à grande vitesse la contre-pression présente de réelles compensations.

En effet, si on dispose toutes choses de façon que cette contre-pression à la fin de la course du piston n'excède pas la pression de la vapeur fournie par la chaudière, il en résultera que ce que l'on est convenu d'appeler espace nuisible n'existera plus. La vapeur conservera en pénétrant dans le conduit d'admission et dans l'espace compris entre le piston et le fond du cylindre, une tension absolument égale à celle de la vapeur contenue dans la chaudière. La diminution de pression résultant de l'augmentation de volume (Loi de Mariotte) ne se produira donc pas et la résistance due à la contre pression se trouvera contre-balancée par ce fait que la vapeur agira sur le piston sans perte de tension.

Calcul de l'angle de calage dans le cas d'un tiroir normal (sans recouvrement) avec une avance à l'échappement plus grande que l'avance à l'introduction.

Supposons le tiroir normal dans la position qu'il occupera lorsque le piston sera à l'extrémité de sa course gauche (Fig. 55) ; soit i l'avance à l'introduction et e l'avance à l'échappement $e > i$ soit l la largeur des orifices. La course du tiroir, *vers la droite* sera $l - i$.

Vers la gauche le tiroir aura à parcourir $l + e$, la course totale sera donc $(l + e) + (l - i)$ ou $2\,l + (e - i)$ or, comme $e > i$, il s'en suit que la course sera plus grande que dans le cas d'un tiroir normal où l'avance à l'échappement est égale à l'avance à l'introduction. Le rayon d'excentricité sera donc :

$$r = [2\,l + (e - i)]\ /\ 2$$

$$r = [l + (e - i)]\ /\ 2$$

D'autre part, la distance de la position moyenne du tiroir à la position indiquée par la figure, en d'autres termes la distance

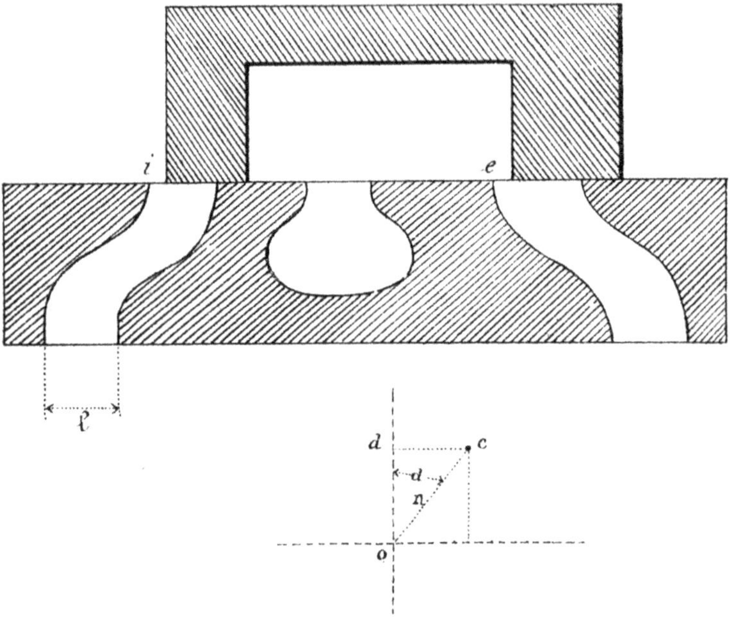

Fig. 55

du centre *c* de l'excentrique à la verticale *o d* est égale à la demi différence des espaces parcourus par le tiroir ou :

$$\frac{1}{2}(l+e)-(l-i)$$

$$= 1/2\,(e+i)$$

$$\text{De là Sin } \alpha = \frac{\frac{1}{2}(e+i)}{l+\frac{(e-i)}{2}}$$

Diagramme d'une distribution par tiroir normal avec avance à l'échappement *e* plus grande que l'avance à l'introduction *i*.

Course du piston = 0,60 $^{c/m}$

[1] l = 0,050 $^{m/m}$

i = 0,015 $^{m/m}$

e = 0,025 $^{m/m}$

Il est facile de représenter graphiquement les diverses phases de la distribution de la vapeur (Fig. 56). Dans tout ce qui va suivre

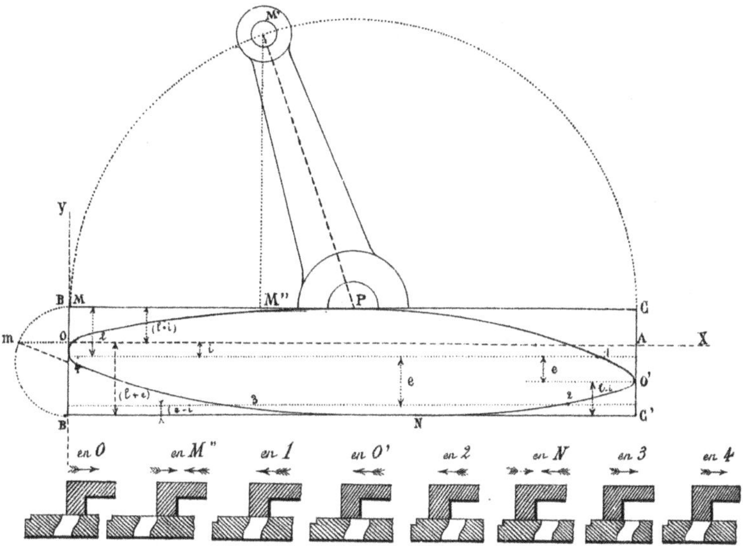

Fig. 56

nous supposerons infinies les longueurs des bielles et considérerons comme chemins parcourus par le piston et le tiroir les projections sur B C et BB' des boutons des manivelles actionnant ces deux organes.

1 Nous avons exagéré à dessein la largeur des orifices ainsi que les recouvrements afin de rendre la figure plus claire.

Sur l'axe horizontal O X portons une longueur O A égale à la course du piston. Sur les verticales O Y, *o y'* portons en O B la course du tiroir de gauche à droite = *l* - *i* et en O B' la course de droite à gauche = *l* + *e*.

Nous obtenons ainsi un rectangle B B' C' C dans lequel sera inscrite la courbe représentative de la distribution. B B' est la course totale du tiroir, B C la course du piston. On sait qu'à la fin de la course du piston (à gauche) le tiroir a déjà découvert l'orifice correspondant d'une quantité *i* (avance à l'introd.), le bord du tiroir est donc en O et le bouton de la manivelle de l'excentrique en *m o* est un point de tangence à l'ellipse. Le point de tangence sur B C est facile à déterminer. En effet, pour que le tiroir arrive à sa position extrême B (droite) il faut que le point *m* décrive l'arc *m* B. Le même arc M M' sera décrit par le bouton de la manivelle M et cette dernière occupera la position M' P, la projection M" de M' représentera la position du piston correspondant à la position B du tiroir. M" sera donc le 2e point de tangence. Les deux autres points de tangence *o*', N, se détermineront de la même façon. Cette ellipse pourra donc se tracer par points, très facilement.

L'examen de la figure permet de se rendre exactement compte des phases de la distribution.

- De 4 à O — Introduction anticipée (*i*).
- De O à M" — Introduction à orifice croissant.
- En M" — Introduction à plein orifice.
- De M" à 1 — Introduction à orifice décroissant.
- En 1 — Fermeture de l'orifice.
- De 1 à O' — Échappement anticipé.
- De O' à 2 — Échappement à orifice croissant.
- De 2 à 3 — Échappement à plein orifice.
- (En N le tiroir a dépassé l'orifice de (*e* - *i*).
- De 3 à 4 — Échappement à orifice décroissant.
- En 4 — Fermeture de l'orifice.

Ainsi que ce diagramme l'indique, l'admission a lieu jusqu'au moment où commence l'échappement. La vapeur agit donc constamment sur le piston en vertu de sa propre pression.

Nous allons tracer le diagramme d'une distribution permettant la détente (Fig. 57). Déterminons d'abord l'angle de calage de l'excentrique.

Soit i l'avance à l'introduction.
e l'avance à l'échappement.
q recouvrement extérieur.
p recouvrement intérieur.

Le piston étant à l'extrémité gauche de sa course, le tiroir a à parcourir, vers la droite : $l - i$

La course du tiroir à gauche et à partir de cette origine sera :

$$e + p + q + l$$

$$\text{donc } c\,d = [(e + p + q + l) - (l - i)] / 2$$

$$c\,d = (e + p + q + i) / 2$$

Remarquons que dans le tiroir à simple recouvrement extérieur, tiroir dérivé du tiroir normal, $e = i + q$

Donc, dans le tiroir à double recouvrement (intérieur et extérieur) : $e = i + q - p$

(Le recouvrement extérieur entraînant une trop grande avance à l'échappement on a diminué cette dernière en créant le recouvrement intérieur).

Donc :

$$cd = (i + q - p + p + q + i) / 2$$

$$cd = (2i + 2q) / 2 = i + q$$

La course totale du tiroir est égale à :

$$e + p + q + l + (l - i)$$

$$2l + e + p + q - i$$

le rayon d'excentricité est donc

$$oc = r = l + [(e + p + q - i) / 2]$$

d'où :

$$\text{Sin}\,\alpha = (i + q) / l + [(e + p + q - i) / 2]$$

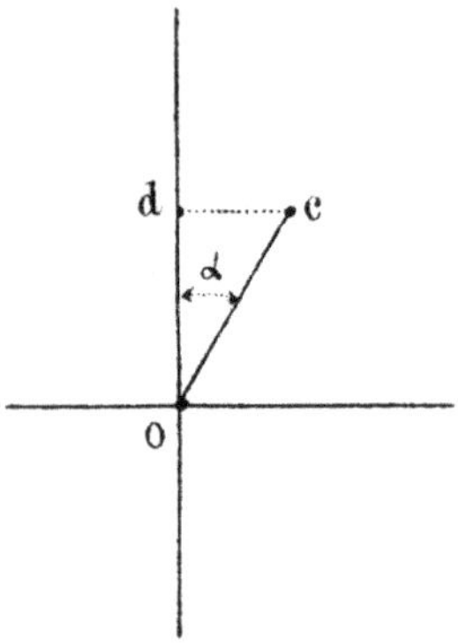

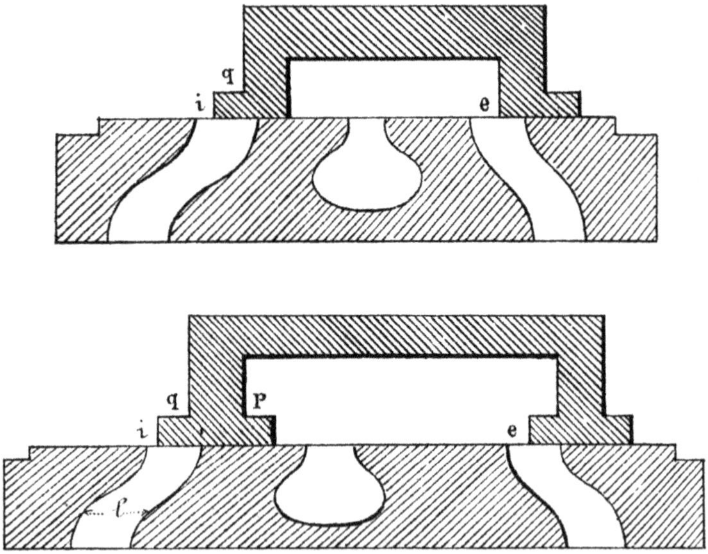

Fig. 57

Tracé du diagramme

Sur la verticale OY portons une longueur OB égale à l'espace parcouru vers la droite, par le tiroir à partir de la position qu'il occupe lorsque le piston est à l'extrémité de sa course (à gauche) OB = $l - i$.

Sur OY' portons la longueur OB' égale à l'espace parcouru vers la gauche par le tiroir (Fig. 58).

$$OB' = e + p + q + l$$

Traçons, par points, comme dans le diagramme précédent, l'ellipse représentative.

- Course du piston = 0,60 m
- Largeur orifices l = 0,050 m/m
- Recouvrement extérieur q = 0,025 m/m
- Recouvrement intérieur p = 0,005 m/m
- Avance à l'introduction i = 0,015 m/m
- Avance à l'échappement sera e = 0,035 m/m

L'examen de la figure permet de constater que :

- De 6 à *o* — Il y a introduction anticipée (*i*)
- De O à M" — Introduction à orifice croissant ; au point M" — introduction à plein orifice.
- De M" à 1 — Introduction à orifice décroissant à 1 — Fermeture de l'orifice d'introduction.
- De 1 à 2 — Détente.
- De 2 à *o*' — Échappement anticipé.
- De *o*' à 3 — Échappement à orifice croissant.
- — en 3 — Échappement à plein orifice.
- De 3 à 4 — Échappement à plein orifice.
- De 4 à 5 — Échappement à orifice décroissant .
- De *o* à 5 — Fermeture de l'orifice d'échappement.
- De 5 à 6 — Compression

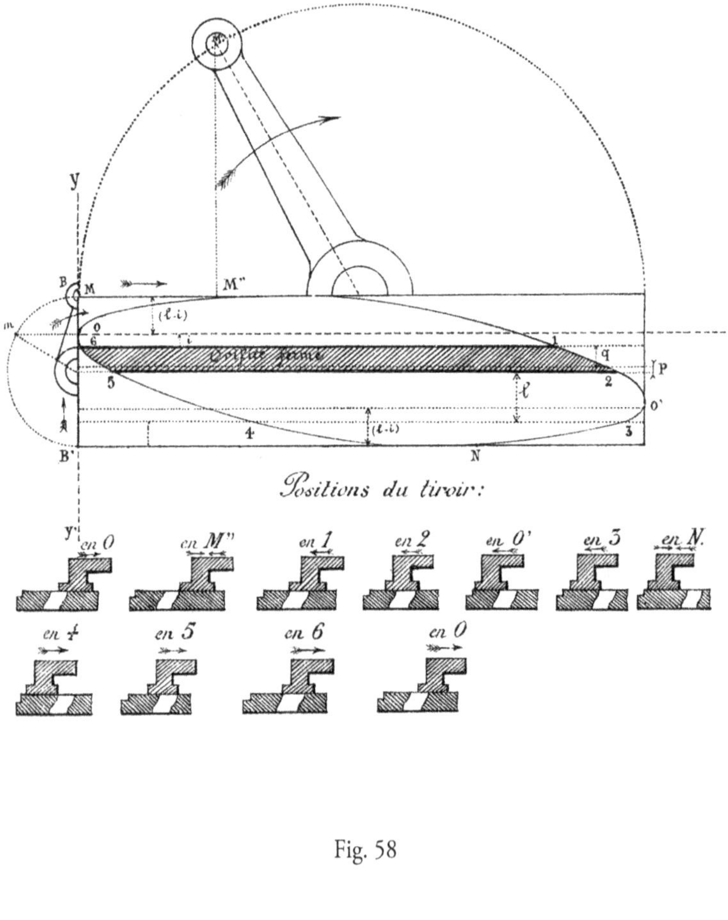
y
B
M
M"
m
o
6
(ℓ.i)
i
1
q
P
5
2
ℓ
O'
(ℓ.i)
4
3
B'
N
y'
Positions du tiroir:
en O
en M"
en 1
en 2
en O'
en 3
en N.
en 4
en 5
en 6
en O

Fig. 58

Calcul du Recouvrement pour un degré de détente déterminé

Soit *l* la largeur de l'orifice, L la course du piston, R le rebord du tiroir (Recouvrement).

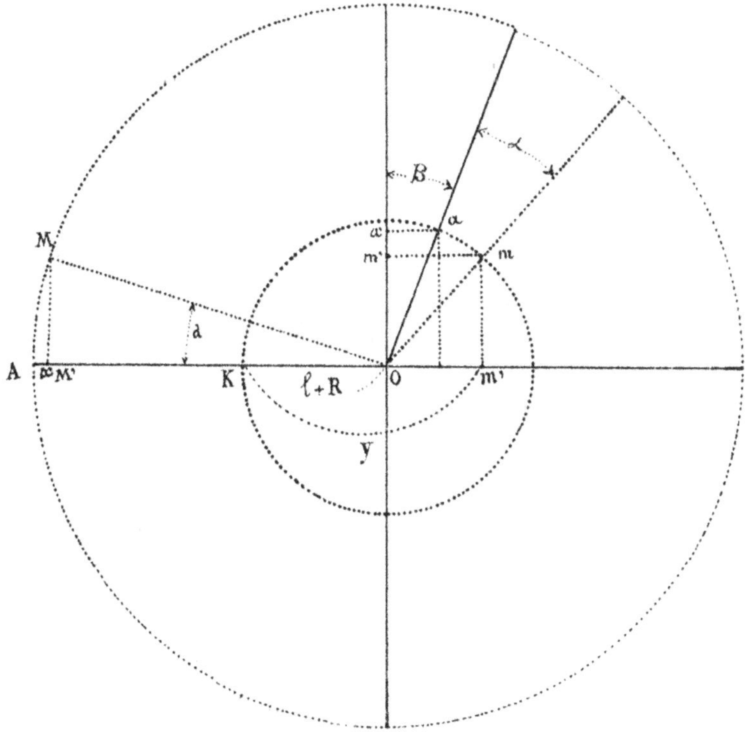

Fig. 59

La course du tiroir sera 2 (*l* + R), le rayon d'excentricité sera (*l* + R). L'avance angulaire sera :

$$\text{Sin B} = R / l + R$$

Faisant tourner l'arbre de la manivelle d'un angle α. Le piston parcourra la distance A M', AO étant égal à la moitié de la course du piston ou L / 2.

$$(\alpha)\ A\,M' = (L / 2)\,(1 - \cos.\ \alpha) = x$$

D'autre part, l'espace *m m"* parcouru par le tiroir par rapport à sa position moyenne est égal à : *m m"* = (*l* + R) Sin (B + α)

La distance à laquelle se trouve le tiroir, par rapport à sa position extrême K est égale à :

$$K\,O + O\,m$$

$$y = l + R + (l + R)\,\mathrm{Sin}\,(B + \alpha)$$

or $\mathrm{Sin}\,(B + \alpha) = \mathrm{Sin}\,B\,\mathrm{Cos}\,\alpha + \mathrm{Cos}\,B\,\mathrm{Sin}\,\alpha$, d'où

$$y = l + R + (l + R)\ \mathrm{Sin}\ B\ \mathrm{Cos}\,\alpha + \mathrm{Cos}\ B\ \mathrm{Sin}\,\alpha$$

$$\text{mais } \mathrm{Sin}\ B = \frac{R}{l + R}$$

$$\mathrm{Cos}\ B = \sqrt{1 - \mathrm{Sin}^2 B}$$

$$\mathrm{Cos}\ B = \sqrt{1 - \frac{R^2}{(l + R)^2}} = \frac{\sqrt{(l + R^2 - R^2}}{l + R}$$

d'où: $= \dfrac{\sqrt{l^2 + 2\,l\,R + R^2 - R^2}}{l + R} = \dfrac{\sqrt{l^2 + 2\,l\,R}}{l + R} = \dfrac{\sqrt{l\,(l + 2\,R)}}{l + R}$

$$y = l + R + (l + R)\left(\frac{R}{l + R}\,\mathrm{Cos}\,\alpha + \mathrm{Sin}\,\alpha\,\frac{\sqrt{l^2 + 2\,l\,R}}{l + R}\right)$$

$$y = l + R + (l + R)\,\frac{(R\ \mathrm{Cos}\,\alpha + \mathrm{Sin}\,\alpha\,\sqrt{l^2 + 2\,l\,R}}{l + R}$$

$$(b)\qquad y = l + R + R\ \mathrm{Cos}\,\alpha + \mathrm{Sin}\,\alpha\,\sqrt{l^2 + 2\,l\,R}$$

Des deux équations (*a*) (*b*) nous tirons :

$$\mathrm{Cos}\,\alpha = \frac{L - 2\,x}{L} = 1 - \frac{2\,x}{L}\quad (1)$$

$$\mathrm{Sin}\,\alpha = \sqrt{1 - \frac{(L - 2\,x)^2}{L\,2}}$$

$$\mathrm{Sin}\,\alpha = \sqrt{\frac{4\,L\,x - 4\,x^2}{L\,2}}$$

$$\mathrm{Sin}\,\alpha = \frac{2}{L}\sqrt{x\,(L - x)}\qquad (2)$$

Si nous portons ces valeurs dans le développement de Sin (B + α) nous arrivons à l'équation suivante qui est celle d'une ellipse tangente aux axes des *x* et des *y*.

$$L^2 y^2 + 4(l + R)^2 x^2 + 4 L R x y - 2 L^2 (l + 2 R) y$$
$$- 4 L (l + R)(l + 2 R) x$$
$$+ L^2 (l + 2 R)^2 = o$$

faisons dans cette équation fondamentale $x = o$ nous avons :

$$L^2 y^2 - 2 L^2 (l + 2 R) y + L^2 (l + 2 R)^2 = o$$

$$y^2 - 2 (l + 2 R) y + L^2 (l + 2 R)^2 = o$$

$$y = \frac{2 (l + 2 R) \pm \sqrt{4 (l + 2 R)^2 - 4 (l + 2 R)^2}}{2}$$

$$y = \frac{2 (l + 2 R)}{2} = l + 2 R$$

$$y' = l + 2 R$$

Les deux valeurs de y, pour $x = o$ sont donc

$$y' = y = l + 2 R \quad (1)$$

Faisons $x = L$ nous aurons :

$L^2 y^2 + 4 L^2 (l + R)^2 + 4 L^2 R y - 2 L^2 (l + 2 R)$ $y - 4 L^2 (l + 2 R)(l + R) + L^2 (l + 2 R)^2 = o$ ou, en divisant par L^2 :

$$y^2 + 4 (l + R)^2 + 4 R y - 2 (l + 2 R) y - 4 (l + 2R)$$
$$(l + R) + (l + 2 R)^2 \; o$$

$$y^2 + y (4 R - 2 (l + 2 R) + l^2 = o$$

$y^2 - 2 l y + l^2 = o$ d'où :

$$y = \frac{2 l \pm \sqrt{4 l^2 - 4 l^2}}{2}$$

$$y = l$$

Donc pour $x = L$, les valeurs de y et y'

sont $y = y' = l \quad (2)$

Faisons $y = o$, nous avons en introduisant cette valeur de y dans l'équation fondamentale ;

$$4 (l + R)^2 x^2 - 4 L (l + R) (l + 2 R) x + L^2 (l + 2 R)^2 = o$$

$$x^2 - \frac{4 L (l + R) (l + 2 R)}{4 (l + R)^2} x + \frac{L^2 (l + 2 R)^2}{4 (l + R)^2} = o$$

$$x = \frac{\frac{L(l+R)(l+2R)}{(l+R)^2} \pm \sqrt{\frac{L^2(l+R)(l+2R)^2}{(l+R)4} - \frac{L^2(l+2R)^2}{(l+R)^2}}}{2}$$

$$x = \frac{\frac{L(l+R)(l+2R)}{(l+R)^2} \pm \sqrt{\frac{L^2(l+R)^2(l+2R)^2 - L^2(l+2R)^2(l+R)^2}{(l+R)^2}}}{2}$$

$$x = \frac{L (l + 2 R)}{2 (l + R)} = \frac{L}{2} \times \frac{l + 2 R}{l + R} \quad (3)$$

Faisons $y = 2 (l + R)$

L'équation fondamentale devient :

$$4 (l + R) x^2 - 4 L l x + 4 L^2 r + \frac{L^2 (l+2R)^2}{(L+R} = o$$

d'où

$$x = \frac{4 L l \pm \sqrt{16L^2l^2 - 16(l+R)4L^2 R(l+R) + \frac{L^2(l+^2R)^2}{(l + R)}}}{8 (l + R)}$$

$$x = \frac{4 L l}{8 (l + R)} = \frac{L l}{2 (l + R} = \frac{L}{2} + \frac{l}{l + R} \quad (4)$$

TRACÉ DE L'ELLIPSE

Les valeurs tirées de l'équation fondamentale permettent de tracer l'ellipse représentative du mouvement relatif du tiroir par rapport à celui du piston. Portons, en effet, sur l'axe des x une longueur AC égale à la course du piston L. Sur l'axe des y portons une longueur A B égale à la course du tiroir $2(l + R)$ – Fig. 60.

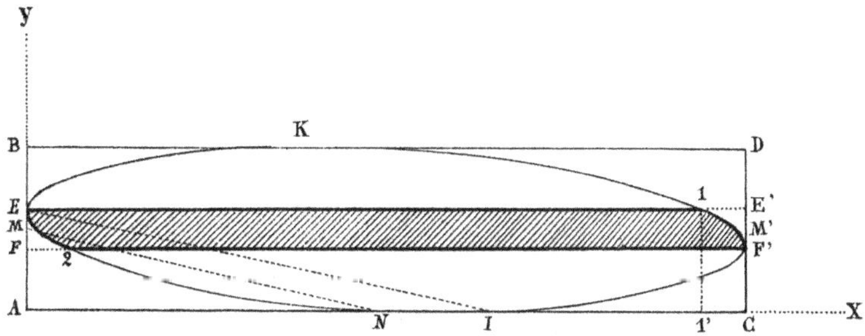

Fig. 60

L'ellipse sera inscrite dans le rectangle ABDC. Les coordonnées du centre de l'ellipse seront :

$$AC / 2 = L / 2 = x$$

et

$$AB /2 = (l + R) = y$$

Du milieu M de A B portons en ME, MF des distances égales au recouvrement R. Le point E sera un point de tangence de l'ellipse ; en effet :

$$AE = AM+ME \text{ or } AM = (l + R)$$

$$ME = R \text{ donc}$$

$$AE = (l + R) + R= l + 2 R$$

Puisque pour $y = (l + 2R)$, x = o, le point E sera bien un point de l'ellipse.

D'autre part CF' = AF or, AF = AM - MFAF = $(l + R) - R = l$, donc CF' = l mais pour $r = l$, x = L, donc le point F' est bien un point de l'ellipse (2e point de tangence).

Menons MN et EI, parallèle à MN, nous avons :

$$AE / AM = AI / AN$$

$$AI = (AE \times AN) / AM$$

$$AI = (L / 2) \times [(l + 2R) / (l + R)]$$

Nous voyons que cette valeur de AI est bien celle de x pour $y = o$. I est donc un point de la courbe.

Le e point K situé à une distance de B égale à I C est le 4e point de tangence, en effet :

$$BK = L - DK = L - AI$$

$$BK = L - [(L / 2) x ((l + 2R) / (l + R))] = (L / 2) x (l / (l + R))$$

qui est bien la valeur de x pour $y = 2 (l + R)$

L'examen de la figure permet de constater que en E commence l'introduction.

- de E à K — Introduction à orifice croissant.
- en K — Introduction à plein orifice.
- de K à 1 — Introduction à orifice décroissant.
- en 1 — Fermeture de l'orifice d'introduction.
- de 1 à F' — Détente
- en F' — Commencement de l'échappement.
- de F' à I — Échappement à orifice croissant.
- en I — Échappement à plein orifice.
- de I à 2 — Échappement à orifice décroissant.
- en 2 — Fermeture de l'orifice d'échappement.
- de 2 à E — Compression.

Le degré de détente est représenté par le rapport du volume de vapeur introduite au volume final ou, en d'autres termes, par le rapport de l'espace parcouru par le piston pendant l'introduction à la course totale L. Si nous appelons x' la distance A1', le degré de détente sera :

$$x' / L = 1 / N$$

L'ordonnée du point 1 est $(l + 2 R) = y$. Si je résous l'équation fondamentale je vois qu'elle est satisfaite pour :

$$x'' = O \text{ et}$$

$$x' = (L\, l^2 + 2 L / R) / (l + R)^2$$

d'où :

$$x\,(l^2 + 2\,l\,R + R^2) - L\,l\,(l + 2\,R) = 0$$

$$x\,R^2 + R\,(2\,l\,x + 2\,L\,l) + x\,l^2 - L\,l^2 = 0$$

d'où

$$R = \frac{L\,l - l\,x \pm \sqrt{(l\,x - L\,l)^2 - x\,(x\,l^2 - L\,l^2)}}{x}$$

$$R = \frac{L\,l - l\,x \pm \sqrt{L^2\,l^2 - l^2\,L\,x}}{x}$$

$$R = l\left\{\left(\frac{L}{x} - 1\right) \pm \sqrt{\left(\frac{L}{x} - 1\right)\frac{L}{x}}\right\}$$

$$R = l\left((n - 1) + \sqrt{(n - 1)\,n}\right)$$

Tracé du Diagramme circulaire

Le principe du diagramme circulaire repose toujours sur l'hypothèse des bielles infinies. On admet donc, que dans les positions successives du bouton de la manivelle, la bielle reste constamment parallèle à elle-même et que le piston (ou le tiroir) attelé à cette bielle se meut comme la projection, sur l'axe, du centre de ce bouton.

Supposons que le cylindre soit vertical et figurons, dans sa position moyenne, un tiroir ordinaire - Fig. 61.

Soit *q* le recouvrement extérieur et *p* le recouvrement intérieur soit *l* la largeur des orifices.

Sur les parallèles ab – cd, traçons, en un point quelconque et avec un rayon *ob* = *o'd* égal à la moitié de la course du tiroir, deux circonférences.

Le tiroir étant attelé en *b* et le mouvement ayant lieu dans le sens indiqué par la flèche, le tiroir va descendre et l'introduction commencera lorsque le bord *a* sera en face de la paroi *m* de l'orifice. Le bouton de la manivelle sera en 1.

De 1 à 2 l'introduction aura lieu à orifice croissant.

En 2 l'introduction aura lieu à plein orifice.

De 2 à 3 l'introduction aura lieu à orifice décroissant.

En 3 l'orifice d'introduction sera fermé.

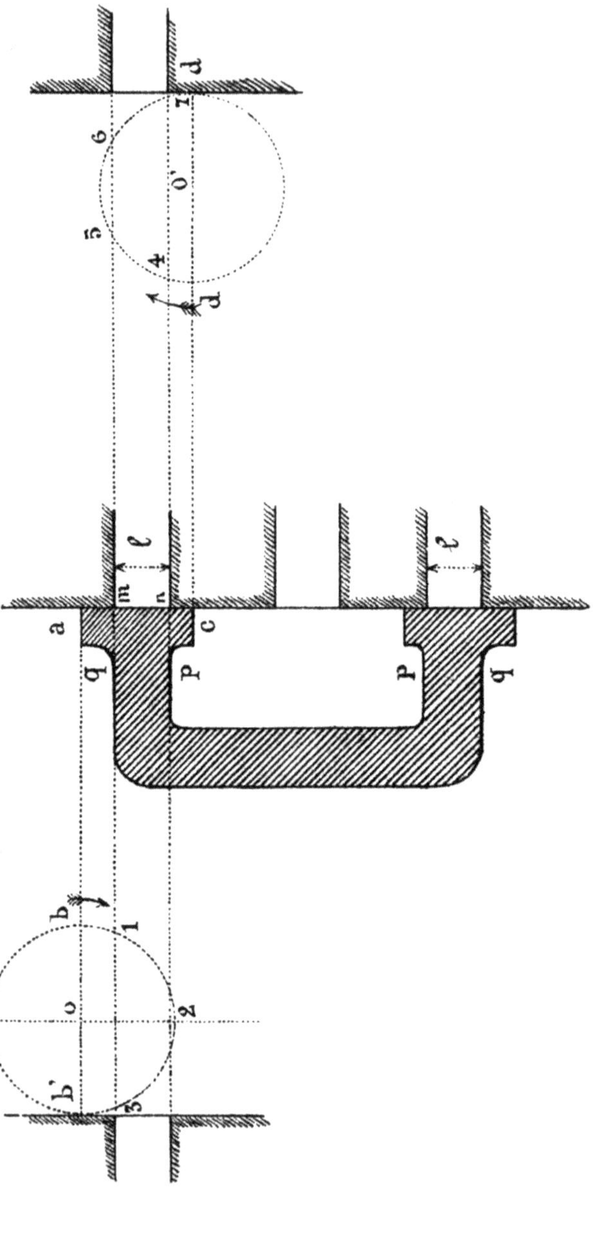

Fig. 61 – Diagramme circulaire.

A ce moment le bord intérieur C du tiroir sera à une distance de la paroi *n* de l'orifice d'introduction égale à *c n*. Si nous nous reportons sur la figure située à droite, nous voyons que le bouton de la manivelle sera en *d*.

Continuant son mouvement de rotation, la manivelle fera remonter le tiroir et en 4 commencera l'échappement.

De 4 à 5 l'échappement aura lieu à orifice croissant.

De 5 à 6 échappement à plein orifice.

De 6 à 7 échappement à orifice décroissant.

En 7 fermeture de l'orifice.

Il est facile, en suivant cette méthode, d'obtenir sur une même figure les positions relatives du tiroir et du piston – Fig. 62.

Suit *ab* la course du tiroir ; *c* une circonférence sur ce diamètre et portons en *a a'* le recouvrement extérieur et en *b b'* le recouvrement intérieur. La bande A du tiroir, dans sa position moyenne, couvre l'orifice inférieur ; celle B couvre l'orifice supérieur du cylindre.

Pour une position M du bouton de la manivelle l'orifice inférieur est ouvert à l'introduction d'une quantité M'N et l'orifice supérieur est ouvert à l'échappement d'une quantité M'P.

Traçons OR de façon que α = l'accroissement de l'angle de calage de l'excentrique.

Cette position *o*R de la manivelle du piston correspond à la position *o*D' de la manivelle du tiroir, donc, à chaque révolution complète, l'origine pour la manivelle du tiroir étant en D', R sera l'origine de chaque révolution correspondante de la manivelle du piston et la projection sur l'axe D D' d'un point quelconque M, représentant la position du tiroir.

La projection M" de ce point M sur R S représentera la position correspondante du piston.

Il est donc facile de représenter ainsi toutes les phases de la distribution.

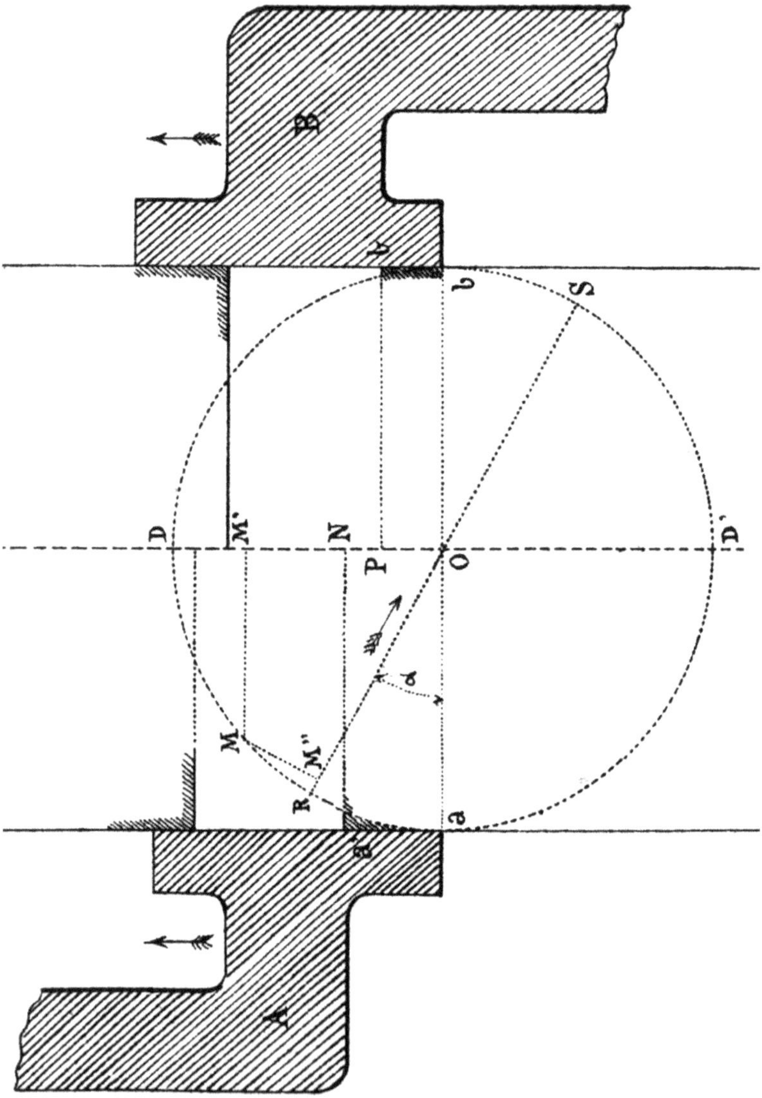

Fig. 62

Application

Il résulte de ce qui précède que l'on pourra, en suivant cette méthode, déterminer l'angle de calage, le rayon d'excentricité et les recouvrements, connaissant : les dimensions des orifices, le degré de détente et les avances à l'échappement et à l'introduction.

Décrivons, en effet, une circonférence avec un rayon *a o* absolument arbitraire.

Portons une longueur *a m* égale au 1/5e, 1/4, 1/3 etc. du diamètre, suivant que l'introduction doit avoir lieu durant le 1/5e, le 1/4 ou le 1/3 de la course — Fig. 63.

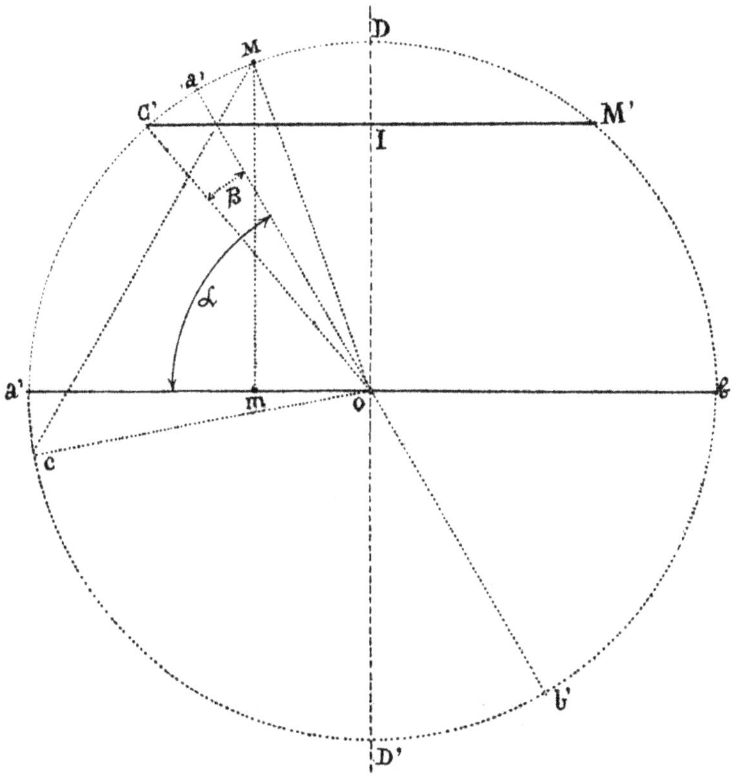

Fig. 63

Du point *m* élevons une perpendiculaire qui rencontrera la circonférence en M. Au-dessous du diamètre horizontal portons en *a c* un arc représentant, en degrés, l'avance angulaire — 5°, 10° etc., soit *a o c* = 15° — l'angle COM sera celui formé par le point extrême de la manivelle d'excentrique durant l'introduction. Pour rentrer dans la marche adoptée dans le tracé du diagramme circulaire, ramenons C M dans la position C' M' parallèle à *a b* — *a' b'* représentera le diamètre *a b* après cette rotation et l'angle *a' o a* sera l'accroissement de l'angle de calage.

La hauteur de l'orifice d'admission étant donnée, nous voyons que sur la figure arbitraire elle serait représentée par D I.

$$\text{Or} \quad DI = r - IO$$

$$I\,O = r \operatorname{Cos} (C'\,o\,d)$$

$$\text{donc} \quad D\,I = r\,(1 - \operatorname{Cos} C'\,o\,d)$$

et comme D I est donné

$$r = DI \;/\; (1 - \operatorname{Cos} C'\,o\,d)$$

r sera donc le rayon d'excentricité. Avec ce rayon décrivons une circonférence *a b*. En traçant sur cette circonférence les éléments déterminés plus haut, nous voyons que *a a'* est le recouvrement extérieur. Lorsque le bord du tiroir (*a*) sera arrivé en *a'* l'introduction commencera (sous le piston) et elle aura lieu durant le parcours de l'arc C' D M' par le bouton de la manivelle.

Si d'autre part on a porté en *a'*K' un arc correspondant à l'avance angulaire à l'échappement on constatera, sur la figure 64, après avoir tiré K K' que le bord intérieur *b* du tiroir commencera à découvrir l'orifice à l'échappement lorsque le point *b* sera venu en K. Par suite, K'' étant la position du piston correspondant à la position K' du bouton de la manivelle du tiroir, le piston aura encore à parcourir un espace correspondant à K''*a'*, lorsque commencera l'échappement. K*b* représente le recouvrement intérieur *p*.

Nous n'avons pas tenu compte, dans ce tracé, de l'obliquité des billes. On peut rectifier les résultats en décrivant des points K'', 1,

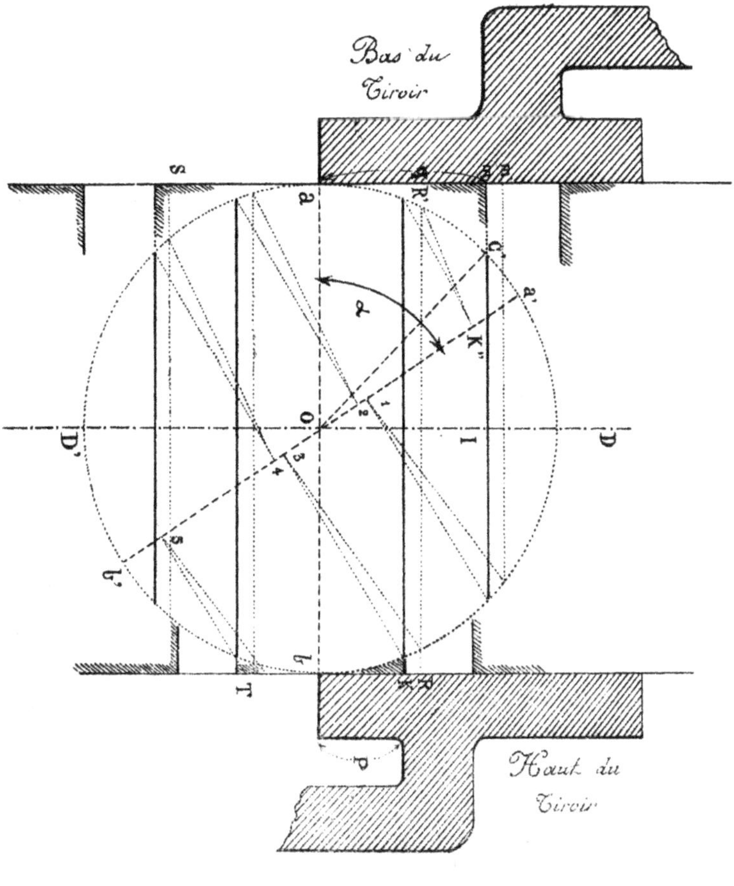

Fig. 64

2, 3, 4, 5, projections des points de la circonférence correspondant aux diverses phases de la distribution, des arcs de cercles avec un rayon égal à la longueur de la bielle. Le recouvrement extérieur *a m* deviendra *a m'* le recouvrement *b k* intérieur sera *b* R, pour la partie inférieure du cylindre.

Pour la partie supérieure du cylindre ces éléments seront : recouvrement extérieur *a* S, recouvrement intérieur *b* T. Dans la pratique on égalise ces éléments, inégaux pour le haut et le bas du cylindre, en prenant la moyenne des écarts.

Tiroirs superposés

Détente variable

Pour obtenir un degré de détente supérieur aux 6/10es de la course à l'aide du recouvrement, il faudrait donner aux rebords du tiroir des largeurs excessives créant des résistances passives considérables et des courses non moins considérables.

Le procédé qui consiste à faire mouvoir deux tiroirs l'un sur l'autre ou plus exactement une glissière obturatrice sur le tiroir ordinaire permet, tout en diminuant la course du tiroir, d'obtenir un degré de détente plus élevé. Il permet, en outre, de faire varier à volonté le degré de détente. La construction du tiroir ordinaire

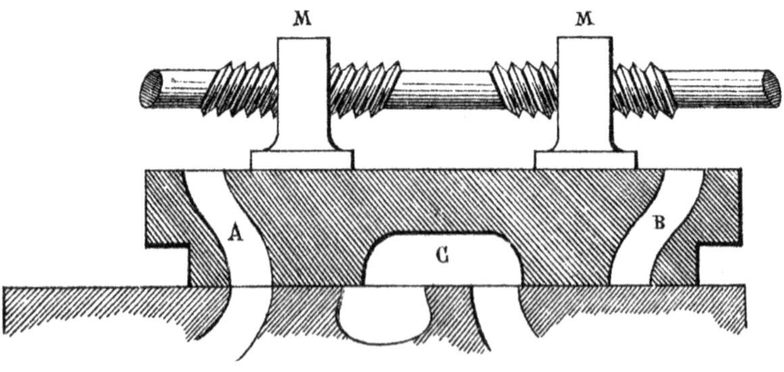

Fig. 65.

a, dans ce cas, été modifiée – Fig. 65. Le tiroir proprement dit se compose d'une pièce de fonte dans la masse de laquelle on a pratiqué les orifices A B et le creux C.

Ce premier tiroir est attelé à la barre d'excentrique.

Sur sa face supérieure glissent deux glissières M M qui ont pour but d'obstruer les orifices A B. Ces glissières sont commandées par un deuxième excentrique convenablement calé par rapport au premier.

Les glissières M M peuvent se déplacer dans un sens ou dans l'autre ; à cet effet elles sont fixées sur une tige filetée à pas contraires ce qui permet de les éloigner ou de les rapprocher de l'axe du tiroir et de faire ainsi modifier, à volonté, le degré de détente. Dans certaines machines c'est à l'aide d'un volant à la main indépendant que ce déplacement se produit ; dans d'autres c'est par l'action du régulateur à force centrifuge.

Diagramme circulaire d'un tiroir à glissières

Étant donné un tiroir à glissières, si on admet que les deux excentriques qui commandent le tiroir T et la glissière G sont calés sous le même angle par rapport à la manivelle, il est évident qu'il n'y aura aucun déplacement relatif de la glissière G par rapport au tiroir et, dans la position indiquée par la figure 66, le bord *b* de la glissière étant au contact avec la paroi *n* du tiroir, l'orifice sera constamment fermé. Il est donc indispensable, pour qu'il y ait introduction, que l'excentrique qui commande la glissière soit en avance sur celui qui commande le tiroir ; son angle de calage doit donc être plus grand que celui du tiroir et il doit être tel que lorsque le tiroir présente son orifice A en face de l'orifice d'introduction O du cylindre, le bord *b* ait cheminé d'une certaine quantité *b b'* permettant l'introduction de la vapeur.

Soit donc un tiroir avec avance de la glissière sur le tiroir d'un angle β et traçons l'épure circulaire relative à l'un des orifices soit *a b* la course du tiroir – Fig. 67. Nous avons un arc d'introduction

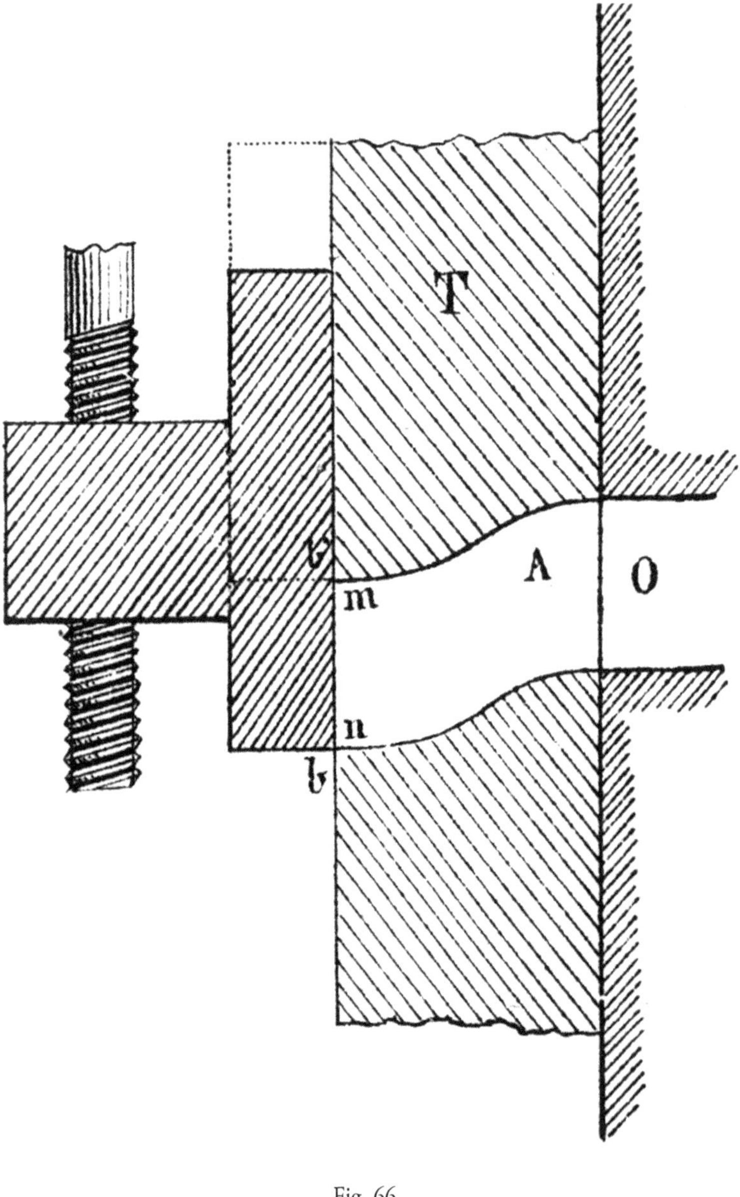

Fig. 66

c D *d*. Soit α l'accroissement de l'angle de calage du tiroir T. Pour une position quelconque *o* M de la manivelle nous voyons que le piston est en M" et que le tiroir s'est élevé, par rapport à sa position moyenne d'une quantité M M', ouvrant ainsi l'orifice d'introduction de *m m*'. A cette position M du bouton de la manivelle du tiroir T, correspond une position I du bouton de la manivelle de la glissière G, le rebord *r* de la glissière sera donc en *r*' en avance sur le bord *h*' du tiroir d'une quantité *h' r'* égale à MK. Pour toute autre position du bouton de la manivelle du tiroir on déterminerait ainsi la quantité dont la glissière a découvert l'orifice du tiroir.

Nous voyons sur la figure que la fermeture aura lieu pour M K = *o* c'est-à-dire lorsque la corde M I sera dans une position horizontale.

Si l'on appelle *r* le rayon d'excentricité, β l'angle formé par les deux manivelles commandant le tiroir et les glissières et *x* et *y* les

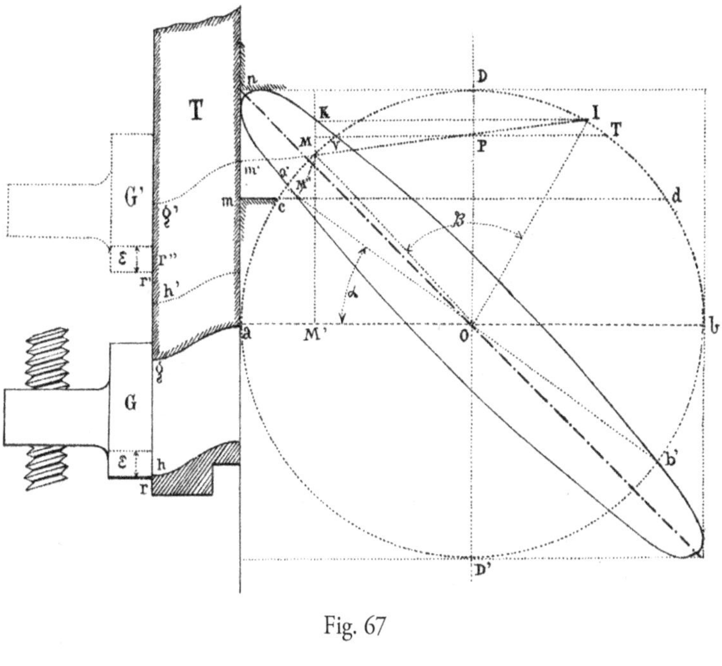

Fig. 67

coordonnées d'un point quelconque M on trouve pour équation du lieu des points K :

$y^2 - 2xy \operatorname{Sin} \beta + x^2 = r^2 \operatorname{Cos}^2 \beta$ qui est l'équation d'une ellipse dont les axes sont :

$$a = r (\operatorname{Sin} \beta / 2) + r (\operatorname{Cos} \beta / 2)$$
$$b = r (\operatorname{Cos} \beta / 2) - r (\operatorname{Sin} \beta / 2)$$

Or, nous voyons, sur la figure, que :

$$\mathrm{r} (\operatorname{Sin} \beta / 2) = \mathrm{PV}$$
$$\mathrm{r} (\operatorname{Cos} \beta / 2) = \mathrm{PO}$$

donc

$$\mathrm{a} = \mathrm{P\,V} + \mathrm{PO}$$
$$\mathrm{b} = \mathrm{PO} - \mathrm{PV}$$

Le point de fermeture V est le point de rencontre de l'ellipse et de la circonférence. Enfin remarquons que pour $\beta = o$, l'équation devient celle d'un cercle $x^2 + y^2 = \mathrm{O}$.

Si donc on fait varier la position initiale G de la glissière, si par exemple on l'éloigne à l'origine du mouvement du bord *h* de l'orifice du tiroir d'une quantité ξ on obtiendra plus d'ouverture et, pour une position M du bouton de la manivelle du tiroir, on aura un accroissement d'introduction. On peut également obtenir cette variation en augmentant ou en diminuant l'angle β(2).

Il est donc aisé, étant donné que les glissières peuvent se déplacer à volonté, d'obtenir tel degré de détente que l'on désire, et cela pendant la marche même de la machine. C'est le principe de la détente variable de Meyer.

Dans les machines où la distribution de la puissance se fait irrégulièrement durant la journée, on a eu l'idée ingénieuse de produire ce déplacement des glissières à l'aide du régulateur à force centrifuge. Toute réduction passagère de la résistance entraîne donc un accroissement du degré de détente et, par là,

2 Dans la pratique on fait généralement $\beta = 45°$.

une économie notable de combustible ainsi qu'une régularité presque mathématique dans la vitesse.

Si l'on remarque que dans le système Meyer le tiroir ordinaire règle le commencement de l'introduction ainsi que le commencement et la fin de l'échappement on comprendra qu'il ne reste qu'à régler la fin de l'introduction pour obtenir un degré quelconque de détente. On pourra donc, avec un tiroir à recouvrement et une soupape fixée sur la conduite de vapeur obtenir la détente comme avec le tiroir à glissières.

Détente Farcot

On peut également réaliser la détente à l'aide de glissières entraînées par le tiroir et arrêtées, dans leur mouvement, par des taquets disposés au centre et aux extrémités de la boîte à tiroir. Mais, comme on le verra, on ne peut obtenir, par ce procédé, que des introductions *inférieures à la moitié de la course.*

Fig. 68 – Soit donc un tiroir T et l'une de ses glissières G.

Supposons que l'introduction ait lieu, pour le tiroir, pendant les 0,9 de la course du piston. Traçons l'épure circulaire en mettant *a b* dans le prolongement du taquet B.

Le tiroir étant entraîné dans la direction de la flèche par l'excentrique (ou la manivelle), nous voyons que, dans la position *i*, le buttoir sera à une distance *i* I de l'axe *x y* du tiroir. Si donc nous voulons obtenir *o*,1 d'introduction il faudra que la glissière G se trouve repoussée à cet instant d'une quantité *i i'* égale à la largeur *l* des orifices. Si donc on admet que le taquet B de cette glissière a été arrêté en un point *i'*, le tiroir continuant sa marche ascendante, on sera certain de la fermeture des orifices lorsque le piston aura parcouru *o*,1 de sa course.

La distance I *i'* représente la longueur O*o* que devrait avoir la came contre laquelle viendra s'arrêter le taquet. Pour 0,2 d'introduction cette distance sera J *j'* = *o* α, pour 0,3 ce sera k k' = *o* β etc.

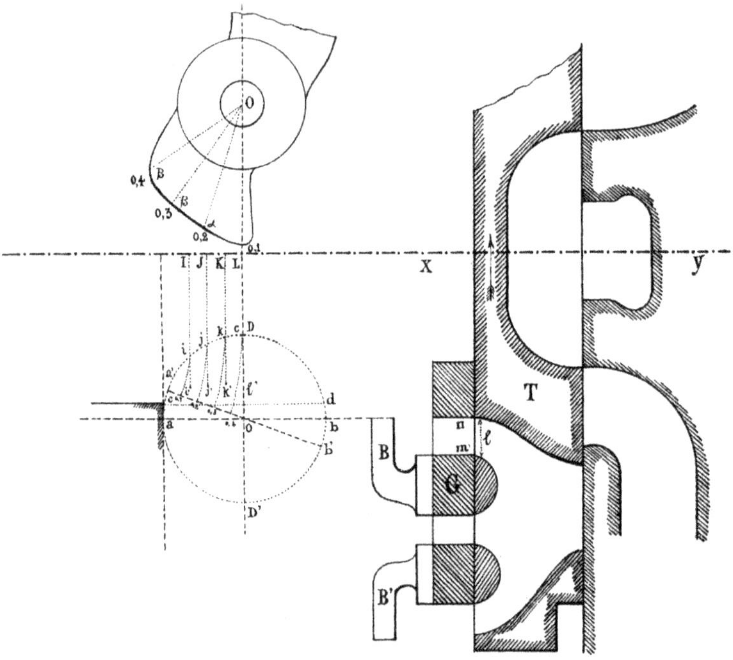

Fig. 68

Ainsi que la figure l'indique, les points extrêmes de fermeture sont D – D' ; l'action maximum de la came ne peut avoir lieu que pendant la moitié de la course. On ne pourra donc, par ce moyen, obtenir que des degrés de détente supérieurs à 1/2, c'est-à-dire que la période d'introduction ne pourra jamais être inférieure aux 0,5 de la course.

On peut obtenir des résultats analogues à l'aide d'un coin que l'on engage plus ou moins suivant le degré de détente que l'on veut obtenir.

Cette variante due à MM. Thomas et Laurens n'a qu'une importance secondaire quoique, en apparence elle présente plus de simplicité. Les points *o* α β γ du coin se déterminent comme ceux du profil de la came – Fig. 69 et 70.

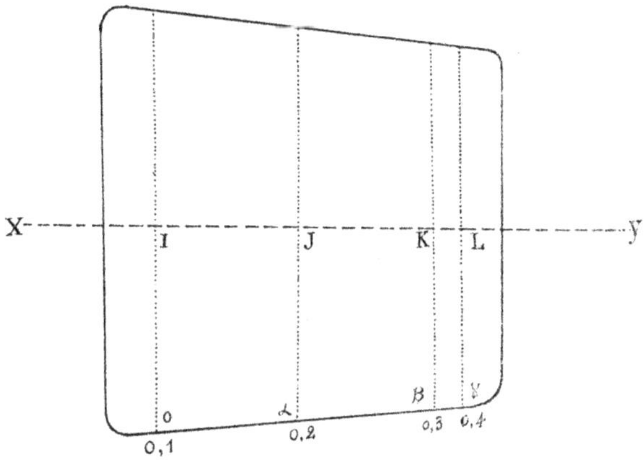

Fig. 69

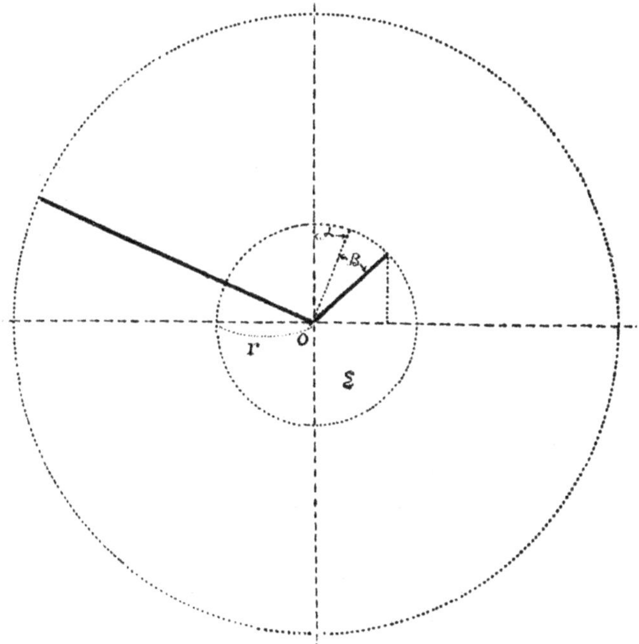

Fig. 70

MÉTHODE DE ZEUNER

Revenons à la distribution à l'aide d'un seul tiroir à recouvrements.

Soit *i* l'avance à l'introduction.
r rayon d'excentricité.
e l'avance à l'échappement.
p le recouvrement intérieur.
q le recouvrement extérieur.
α l'accroissement de l'angle de calage.

Supposons infinies les longueurs des bielles et faisons tourner l'arbre d'un angle B. L'écart du tiroir sera (par rapport à sa position moyenne) :

$$(1) \quad \xi = \text{r Sin} (\alpha + \beta)$$

Cette équation est, en coordonnées polaires, celle d'une circonférence de diamètre *r* rapportée à une tangente comme axe polaire et au point de contact de cette tangente comme origine. En effet, dans la fonction ξ considérons la variable β comme un angle fait avec l'axe polaire et ξ comme rayon vecteur.

Soit O' le centre d'un cercle passant par le pôle.

Traçons un rayon vecteur et nous avons, dans le triangle isocèle O'OA – Fig. 71.

$$\rho = 2\, r' \text{ Cos } (1)$$

Or,

$$\omega = (\pi / 2) - (\alpha + \theta) = (\delta - \theta)$$

ou

$$\alpha = (\pi / 2) - \delta$$

d'où

$$\rho = 2\, r' \text{ Cos } \alpha \text{ Sin } \theta + 2\, r' \text{ Sin } \alpha \text{ COS } \theta$$

mais

$$\alpha + \delta = \eta / 2 \text{ donc } (2)\ \rho = 2\, r' \text{ Sin}\delta \text{ Sin}\theta + 2r' \text{ Cos } \delta \text{ Cos}\theta$$

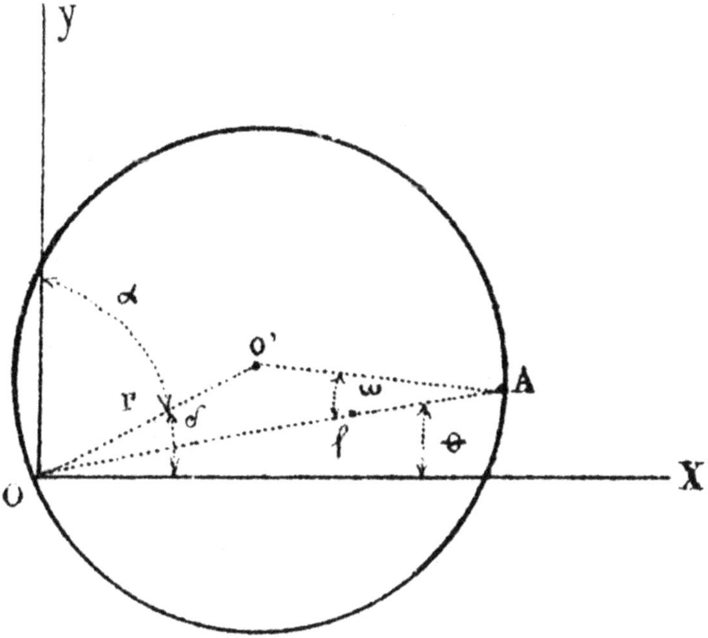

Fig. 71

Dans cette équation θ est variable indépendante et ρ est fonction.

Développons l'équation en ξ nous avons :

$$(3)\ \xi = r \operatorname{Sin} \alpha \operatorname{Cos} \beta + r \operatorname{Cos} \alpha \operatorname{Sin} \beta$$

Les équations (2) et (3) s'identifieront donc pour θ = β

$$2\, r' = r$$

$$\alpha = (\pi - \delta) / 2$$

alors ξ est exactement égal à ρ et OO' est égal au rayon d'excentricité *r*.

Il résulte de ce qui précède que lorsqu'on voudra déterminer les diverses phases de la distribution connaissant α et *r* il suffira d'élever une perpendiculaire OY sur OX (axe polaire), de tracer

OK de façon que YOK = α et de porter sur OK et en OO' le rayon d'excentricité r – Fig. 72. Le cercle tracé avec O'O comme rayon répondra aux conditions de la distribution. En un point quelconque A on aura, en tirant AO, l'angle AOX = β

$$OA = \xi$$

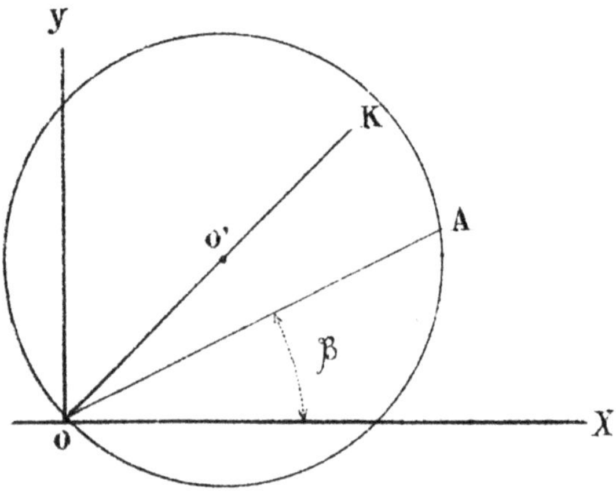

Fig. 72

L'erreur que l'on commet, en admettant que les bielles ont une longueur infinie, n'est pas appréciable et notre avis est, qu'en pratique on peut la négliger.

Soit, en effet, A le point d'attache du tiroir, b la longueur de la bielle, r le rayon d'excentricité – Fig. 73.

La distance AO de ce point d'attache à l'axe de l'arbre sera AO = OM' + M'A.

Or,

$$OM' = r \operatorname{Sin}(\alpha + \beta)$$

$$M'A = b \sqrt{b^2 - M M'^2}$$

$$M'A = \sqrt{b^2 - r^2 \operatorname{Cos}^2(\alpha + \beta)}$$

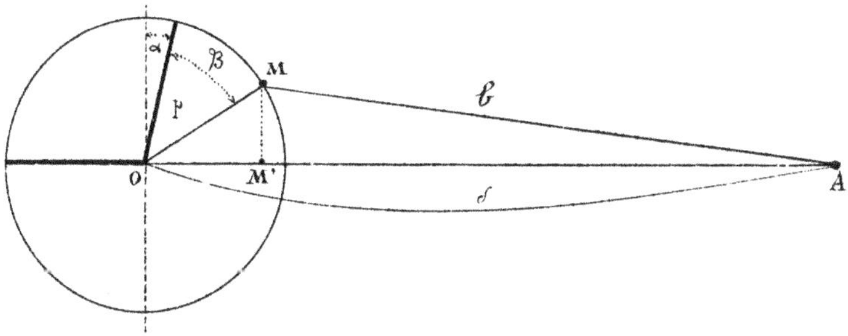

Fig. 73

d'où

$$O\,A = \delta = r \text{ Sin } (\alpha + \beta + \sqrt{b^2 - r^2 \text{ Cos}^2 (\alpha + \beta)}$$

Dans les deux positions extrêmes du tiroir

$\beta = 180^o$ et $\beta = O$

par suite les valeurs de O A sont :

$$d = - r \text{ Sin } \alpha + \sqrt{b^2 - r^2 \text{ Cos}^2 \alpha}$$

et

$$d' = r \text{ Sin } \alpha + \sqrt{b^2 - r^2 \text{ Cos}^2 \alpha}$$

La position moyenne du tiroir sera donc :

$$\frac{d + d'}{2} = \sqrt{b^2 - r^2 \text{ Cos}^2 \alpha}$$

et la distance du tiroir à sa position moyenne sera :

$$\xi^1 = \delta - \frac{d + d'}{2}$$

$$= r \text{Sin} (\alpha + \beta) + \sqrt{b^2 - r^2 \text{Cos}^2 (\alpha + \beta)} - \sqrt{b^2 - r^2 \text{Cos}^2 \alpha}$$

$$= r \text{ Sin} (\alpha + \beta) + b \left(\sqrt{1 - \frac{r^2}{b^2} \text{Cos}^2 (\alpha + \beta)} - \sqrt{1 - \frac{r^2}{b^2} \text{Cos}^2 \alpha} \right)$$

Le terme de correction

$$b \left(\sqrt{1 - \frac{r^2}{b^2} \text{ Cos}^2 (\alpha + \beta)} - \sqrt{1 - \frac{r^2}{b^2} \text{Cos}^2 \alpha} \right)$$

est donc toujours très-petit, le rapport $\frac{r}{b}$ étant généralement très-faible.

M. Zeuner s'est arrêté, pour sa valeur, à

$$\varepsilon = \frac{r^2}{2b} \text{Sin } \beta \text{ Sin } (\beta + 2\alpha)$$

la distance du tiroir à sa position moyenne devient donc :

$$\xi = r \text{ Sin } (\alpha + \beta) + \frac{r^2}{2b} \text{ Sin } \beta \text{ Sin } (\beta + 2\alpha)$$

TRACÉ DU DIAGRAMME DE ZEUNER – FIG. 74

Méthode de Zeuner

Soit α l'angle d'avance, *r* le rayon d'excentricité. Soient *ox* et *oy* deux axes.

Traçons OA de façon que YOA = α , portons de chaque côté de O des longueurs OA — OB égales à l'excentricité *r*. Décrivons sur OA et OB comme diamètres deux cercles.

Nous voyons que pour une position quelconque OM de la manivelle, OP = ξ, écart du tiroir par rapport à sa position moyenne, après une rotation de la manivelle égale à β.

Pour une rotation égale à 180° + β l'écart du tiroir, vers la gauche est OP' = OP.

Pour une rotation égale à 90°- α, l'écart maximum est OA = *r*.

En outre la perpendiculaire ON élevée du point O sur AB représente la position de la manivelle correspondant à un déplacement nul du tiroir. Le tiroir est donc dans sa position médiane.

Si l'on suppose que l'origine du mouvement est OC on voit, sur la figure, que les cordes telles que OP représentant les écarts du tiroir augmentent très rapidement à l'origine tandis que, dans le voisinage du point extrême A elles varient peu.

Les déplacements du tiroir que ces cordes représentent sont donc très rapides vers le milieu de la course et très lents vers ses points extrêmes.

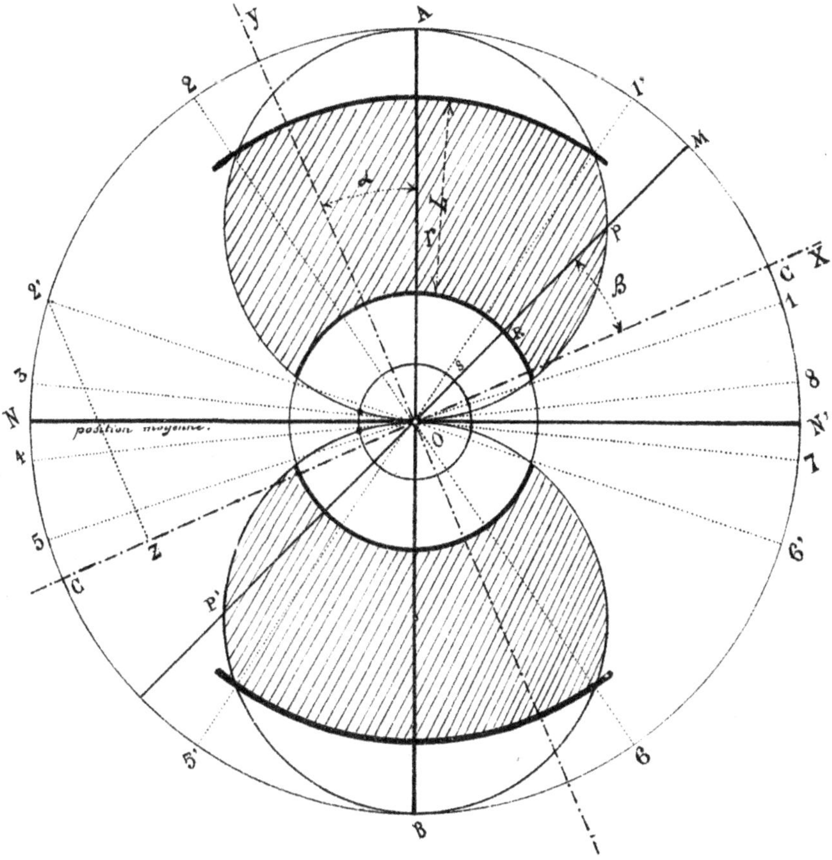

Fig. 74 – Diagramme de Zeuner.

Figurons un tiroir quelconque dans sa position médiane, pour un déplacement ξ de ce tiroir, nous voyons que la quantité ι dont l'orifice d'introduction est découvert est $\iota = \xi - r$ et la quantité ω dont l'orifice d'échappement est découvert est : $\omega = \xi - q$.

Si donc, du centre O nous décrivons deux cercles OS — OR avec deux rayons respectivement égaux aux recouvrements intérieur et extérieur, les distances PS et PR donneront immédiatement les quantités dont sont découverts les orifices d'échappement (PS) et d'introduction (PR), lorsque la manivelle est en OM. Il en serait de même pour toutes les positions successives.

Si nous décrivons un cercle avec un rayon égal à $(r + l)$, nous pouvons constater sur la figure les périodes suivantes :

Introduction

- De 1 à C — Introduction anticipée.
- de C à 1' — Introduction à orifice croissant.
- de 1' à 2 — Introduction à plein orifice.
- de 2 à 2' — Introduction à orifice décroissant.
- en 2' — Fermeture de l'introduction.
- de 2'a 5 — Détente.
- en 5 — Commencement de l'introduction de l'autre côté.
- de 5 à C — Introduction anticipée.
- de C à 5' — Introduction à orifice croissant.
- de 5' à 6 — Introduction à plein orifice.
- de 6 à 6' — Introduction à orifice décroissant.
- en 6' — Fermeture de l'introduction.
- de 6' à 1 — Détente.

Échappement

- En 8 — Commencement de l'échappement.
- de 8 à 3 — Échappement.
- en 3 — Commencement de la compression.
- de 3 à 5 — Compression.

- cn 4 — Commencement de l'échappement de l'autre côté.
- de 4 à 7 — Échappement.
- de 7 à 1 — Compression.

Le rapport OZ / OC représente le degré de détente.

Éléments pratiques

En général l'avance à l'introduction varie de 0,002 à 0,008 m/m

L'avance à l'échappement est le double ou le triple de celle à l'introduction – Fig. 75.

La largeur des lumières (*l*) varie de 0,03 à 0,05 centimètres.

Parfois on donne aux lumières une largeur supérieure à celle du tiroir normal ; dans les calculs on doit ne compter que la largeur découverte *l* – Fig. 76.

Coulisse Stéphenson

La nécessité de construire des machines à « changement de marche » a amené Stéphenson à imaginer une ingénieuse disposition mécanique qui permet, en outre, d'obtenir la détente avec le jeu d'un tiroir unique. Le dispositif de la coulisse de Stéphenson se compose de deux excentriques symétriques AB. Les barres *m n* sont articulées à la coulisse proprement dite C formée de deux arcs concentriques.

L'extrémité *d* de la tige du tiroir est engagée dans cette coulisse. La barre M reliée au levier de changement de marche L permet de placer l'une où l'autre des barres d'excentrique en face de la tige du tiroir. C'est ce déplacement facultatif de la coulisse qui produit la marche en avant ou en arrière.

Le dispositif que nous venons de décrire présente deux variantes. Les barres d'excentriques peuvent être directes (Fig. 77) ou croisées – Fig. 77-bis)

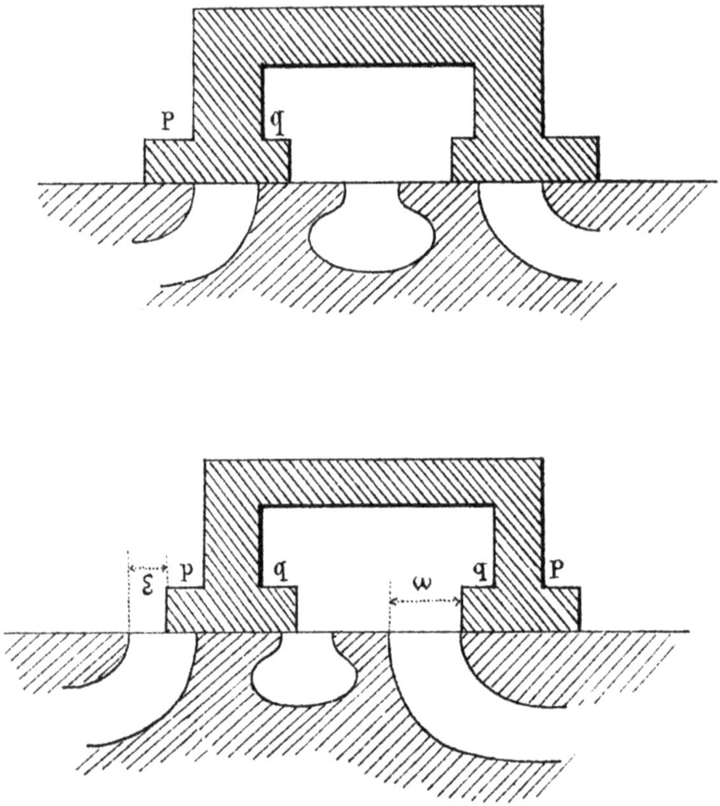

Fig. 75

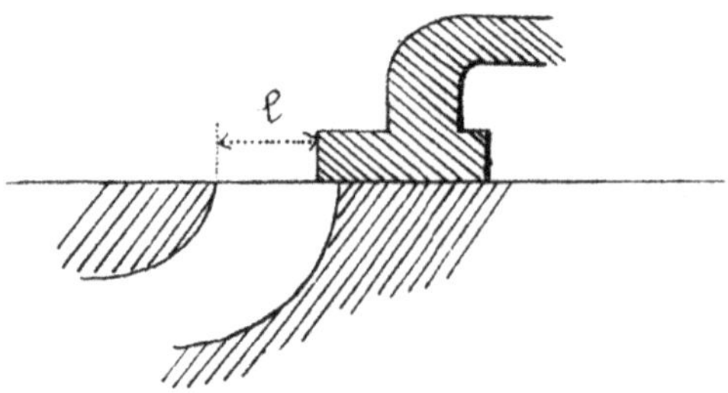

Fig. 76 – Diagramme de Zeuner.

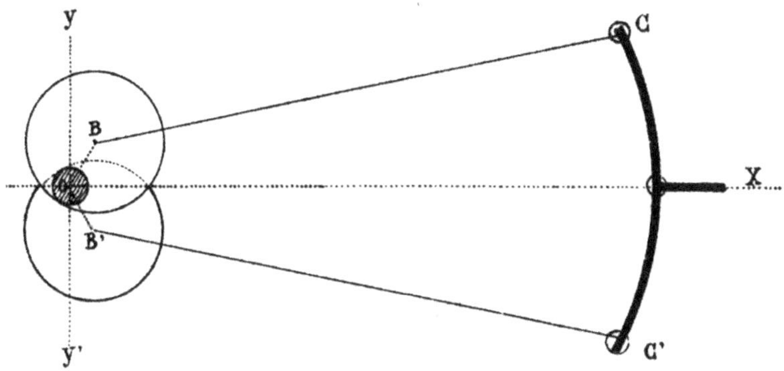

Fig. 77.

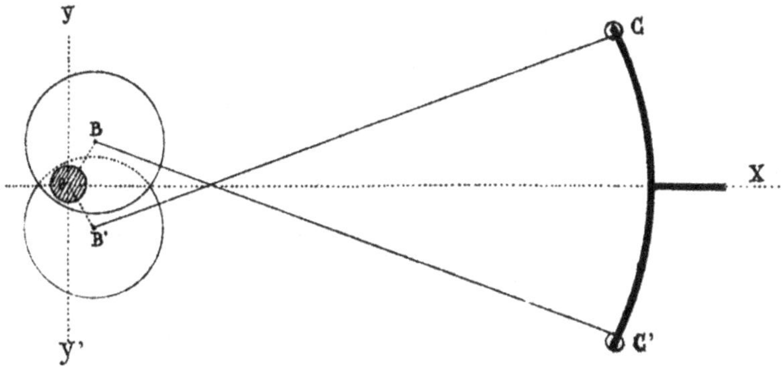

Fig. 77-bis

Il est facile, à l'inspection d'une machine, de déterminer auquel de ces deux cas se rattache la distribution d'une machine à coulisse. Il suffit de voir si les deux excentricités étant du même côté de la verticale, les barres sont ou non croisées.

Dans ce qui va suivre (Fig. 78), on supposera égaux les angles d'avance B *o y*, B *o y'*.

Soit, d'autre part, *l* la longueur des barres d'excentrique[3] et *r* l'excentricité.

3 Zeuner, traité des distributions par tiroirs.

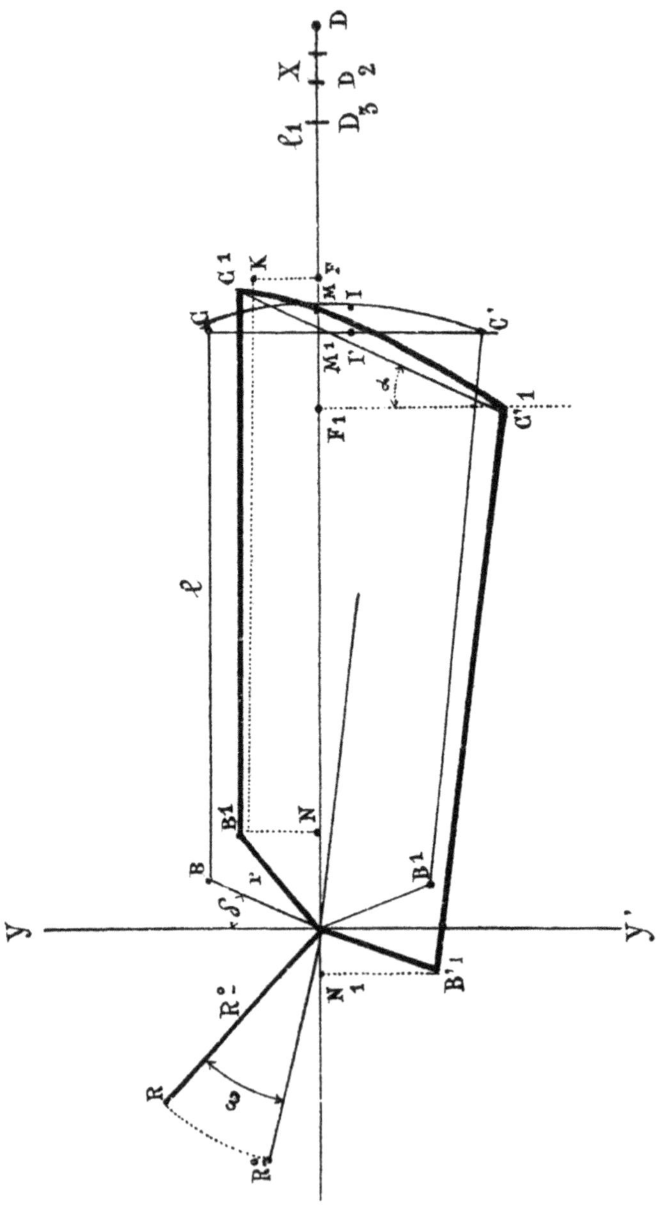

Fig. 78 – Coulisse Stéphenson.

Soit C la 1/2 longueur de la coulisse et u la distance variable de l'extrémité M de la tige du tiroir, au milieu I de la coulisse. Soit l_1, ι la longueur de la tige du tiroir MD.

ORo figurant la position de la manivelle au point mort, avec un angle d'avance YOB = δ.

Supposons égale à l'arc CMC' la corde CC' et posons CC' = 2c. Faisons I_1 M_1 - I M - u.

Faisons tourner l'arbre de la manivelle d'un angle RoOR = ω.

Les excentricités OB, OB1 seront en OB',OB'1.

Abaissons des nouvelles extrémités de la coulisse C1C'1 les perpendiculaires C1 F C'1 F1 et des points B1 et B'1 les perpendiculaires B1 N – B'1 N1

Nous avons :

$$F C1\ C'1 = C1\ C'1\ F1 = \alpha$$

et

$$\sin \alpha = (F1\ F) / (C1\ C'1) = (OF - OF1) / 2C$$

Or :

$$OF = ON + NF$$
$$NF = B1K$$

$$NF = \sqrt{B_1C_1^2 - CK^2}$$

$$NF = \sqrt{B_1C_1^2 - (C_1F - B_1N)^2}$$

d'où

$$OF = ON + \sqrt{B_1C_1^2 - (C_1F - B_1N)^2}$$

$$OF = r \sin(\delta + \omega) + \sqrt{l^2 - [(C - u)\cos\alpha - r\cos(\delta + \omega)]}$$

L'angle α étant généralement très petit on peut admettre que Cos α = 1.

Si, d'autre part, on néglige dans le développement les termes qui contiennent l en facteur à une puissance supérieure à la première, on obtient le résultat approché :

$$OF = r\,\text{Sin}\,(\delta + \omega) + l - \frac{c^2}{2l} + \frac{cu}{l} - \frac{u^2}{2l}$$

$$+ \frac{(c - u)\,r\,\text{Cos}\,(\delta + \omega)}{l} - \frac{r^2\,\text{Cos}^2\,(\delta + \omega)}{2l}$$

On arriverait également par ce moyen à

$$OF_1 = r\,\text{Sin}\,(\delta - \omega) + l - \frac{c^2}{2l} - \frac{cu}{l} - \frac{u^2}{2l}$$

$$+ \frac{c + u)\,r\,\text{Cos})\,\delta - \omega)}{l} - \frac{r^2\,\text{Cos}^2\,(\delta - \omega)}{2l}$$

de là :

$$\text{Sin}\,\alpha = \frac{r}{c}\text{Cos}\,\delta\,\text{Sin}\,\omega - \frac{r}{l}\,\text{Sin}\,\delta\,\text{Sin}\,\omega - \frac{ur}{cl}\,\text{Cos}\,\delta\,\text{Cos}\,\omega$$

$$+ \frac{u}{l} + \frac{r^2}{4cl}\left(\text{Cos}^2\,(\delta - \omega) - \text{Cos}^2\,(\omega + \delta)\right)$$

formule à l'aide de laquelle on peut calculer l'inclinaison α de la coulisse sur la ligne C1 F1.

Dans le cas particulier où u = O on a :

$$\text{Sin}\,\alpha = \frac{r}{c}\text{Cos}\,\delta\,\text{Sin}\,\omega - \frac{r}{l}\text{Sin}\,\omega\,\text{Sin}\,\delta + \frac{r^2}{4cl}\left(\text{Cos}^2\,(\delta - \omega) - \right.$$

Sur la figure on établit enfin que

$$OD = OM_1 + M_1M + MD$$

$$(a)\ OD = OF - M_1F + M_1M + MD$$

ρ étant le rayon de courbure de la coulisse nous avons

$$MM_1 = \frac{c^2}{2\rho} - \frac{u^2}{2\rho} \quad \text{d'où}$$

en introduisant les précédents résultats dans la formule (*a*) :

$$OD = r\left(\text{Sin}\,\delta + \frac{c^2 - u^2}{cl}\text{Cos}\,\delta\right)\text{Cos}\,\omega + \frac{ur}{c}\text{Cos}\,\delta\,\text{Sin}\,\omega + l + l_1$$

$$+ \quad (c^2 - u^2)\frac{l - \rho}{2\,l\,\rho}$$

$$\frac{r^2}{4cl}\left((c + u)\,\text{Cos}^2\,(\delta + \omega) + (c - u)\,\text{Cos}^2\,(\delta - \omega)\right)$$

Pour déterminer le point X milieu du chemin parcouru par le tiroir nous placerons successivement la manivelle à ses points morts c'est-à-dire que nous donnerons à ω les valeurs :

$$\omega = O$$

$$\omega = 180°$$

de plus le point X, milieu de D2 D3 sera déterminé en posant

(*b*) OX = (OD2 - OD3) / 2

la formule donne en y introduisant ces valeurs de ω et en appliquant la formule (*b*)

$$(c)\ OX = l + l_1 - \frac{r^2}{2l}\,\text{Cos}^2\,\delta + (c^2 - u^2)\,\frac{l - \rho}{2l\rho}$$

Or, pour que le centre d'oscillation X soit fixe il faut que *u* disparaisse de l'équation (*c*) ; pour cela il faut que *l* = ρ.

Il faut donc que la coulisse soit courbée suivant un arc de cercle de rayon égal à la longueur de la barre d'excentrique.

Table des Matières

LA MACHINE A VAPEUR, SON ORIGINE, SES PROGRÈS

PREMIERS ESSAIS

DISTRIBUTION PAR TIROIR

MACHINES A DEUX CYLINDRES

MACHINES ROTATIVES

VOITURES A VAPEUR, BATEAUX À VAPEUR

DISTRIBUTION PAR TIROIR

Imprimé en France
Lightning Source France

Édouard SAUVAGE
LA MACHINE LOCOMOTIVE
Decoopman

Louis Figuier
Locomotive et Chemins de Fer

Les Chemins de Fer

Sciences & Techniques anciennes
Livre 1
Max de NANSOUTY
MOTEURS
À EXPLOSION - À EAU - À AIR - À VENT
Decoopman

Sciences & Techniques anciennes
Henry de Graffigny
Les Moteurs
Decoopman

Sciences & Techniques anciennes
Édouard Collignon
Les Machines
Decoopman

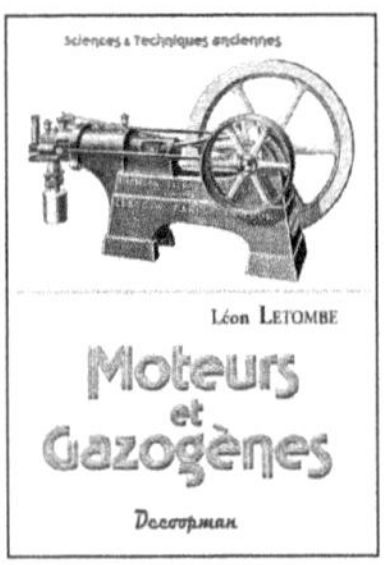
Sciences & Techniques anciennes
Léon LETOMBE
Moteurs et Gazogènes
Decoopman

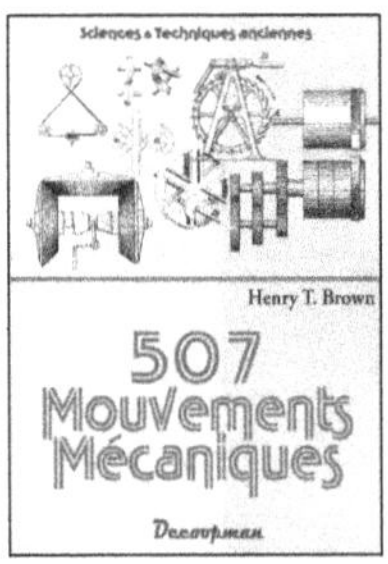
Sciences & Techniques anciennes
Henry T. Brown
507 Mouvements Mécaniques
Decoopman

Sciences & Techniques anciennes
Georges Franche
Engrenages et Transmissions
Decoopman

Sciences & Techniques

www.decoopman.com

www.ingramcontent.com/pod-product-compliance
Lightning Source LLC
La Vergne TN
LVHW010947051026
849532LV00003B/1162
9782917254967